新一代人工智能 2030 全景科普丛书

智慧城市

数字中国建设的核心载体

李立中　王喜文　著······

科学技术文献出版社
SCIENTIFIC AND TECHNICAL DOCUMENTATION PRESS

·北京·

图书在版编目（CIP）数据

智慧城市：数字中国建设的核心载体 / 李立中，王喜文著 . —北京：科学技术
文献出版社，2024.3
（新一代人工智能2030全景科普丛书 / 赵志耘总主编）
ISBN 978-7-5235-0469-7

Ⅰ.①智…　Ⅱ.①李…②王…　Ⅲ.①现代化城市—城市建设—研究
Ⅳ.① C912.81

中国国家版本馆 CIP 数据核字（2023）第 129247 号

智慧城市：数字中国建设的核心载体

策划编辑：郝迎聪　责任编辑：张　丹　邱晓春　责任校对：张　微　责任出版：张志平

出　版　者	科学技术文献出版社
地　　　址	北京市复兴路15号　　邮编　100038
编　务　部	（010）58882938，58882087（传真）
发　行　部	（010）58882868，58882870（传真）
邮　购　部	（010）58882873
官　方　网　址	www.stdp.com.cn
发　行　者	科学技术文献出版社发行　全国各地新华书店经销
印　刷　者	北京时尚印佳彩色印刷有限公司
版　　　次	2024 年 3 月第 1 版　2024 年 3 月第 1 次印刷
开　　　本	710×1000　1/16
字　　　数	75千
印　　　张	6.75
书　　　号	ISBN 978-7-5235-0469-7
定　　　价	38.00元

总　序

　　人工智能是指利用计算机模拟、延伸和扩展人的智能的理论、方法、技术及应用系统。人工智能虽然是计算机科学的一个分支，但它的研究跨越计算机学、脑科学、神经生理学、认知科学、行为科学和数学，以及信息论、控制论和系统论等许多学科领域，具有高度交叉性。此外，人工智能又是一种基础性的技术，具有广泛渗透性。当前，以计算机视觉、机器学习、知识图谱、自然语言处理等为代表的人工智能技术已逐步应用到制造、金融、医疗、交通、安全、智慧城市等领域。未来随着技术的不断迭代更新，人工智能应用场景将更为广泛，渗透到经济社会发展的方方面面。

　　人工智能的发展并非一帆风顺。自 1956 年在达特茅斯夏季人工智能研究会议上人工智能概念被首次提出以来，人工智能经历了 20世纪 50 至 60 年代和 80 年代两次浪潮期，也经历过 70 年代和 90年代两次沉寂期。近年来，随着数据爆发式的增长、计算能力的大幅提升及深度学习算法的发展和成熟，当前已经迎来了人工智能概念出现以来的第三个浪潮期。

　　人工智能是新一轮科技革命和产业变革的核心驱动力，将进一步释放历次科技革命和产业变革积蓄的巨大能量，并创造新的强大引擎，重构生产、分配、交换、消费等经济活动各环节，形成从宏观到微观各领域的智能化新需求，催生新技术、新产品、新产业、新业态、新模式。2018 年麦肯锡发布的研究报告显示，到 2030 年，人工智能新增经济规模将达 13 万亿美元，其对全球经济增长的贡献可与其他变革性技术（如蒸汽机）相媲美。近年来，世界主要发达国家已经把发展人工智能作为提升其国家竞争力、维护国家安全的重要战略，并进行针对性布局，力图在新一轮国际科技竞争中掌握主导权。

德国 2012 年发布十项未来高科技战略计划，以"智能工厂"为重心的工业 4.0 是其中的重要计划之一，包括人工智能、工业机器人、物联网、云计算、大数据、3D 打印等在内的技术得到大力支持。英国 2013 年将"机器人技术及自治化系统"列入了"八项伟大的科技"计划，宣布要力争成为第四次工业革命的全球领导者。美国 2016 年 10 月发布《为人工智能的未来做好准备》《国家人工智能研究与发展战略规划》两份报告，将人工智能上升到国家战略高度，为国家资助的人工智能研究和发展制定策略，确定了美国在人工智能领域的七项长期战略。日本 2017 年制定了人工智能产业化路线图，计划分 3 个阶段推进利用人工智能技术，大幅提高制造业、物流、医疗和护理行业的效率。法国 2018 年 3 月公布人工智能发展战略，拟从人才培养、数据开放、资金扶持及伦理建设等方面入手，将法国打造成人工智能研发方面的世界一流强国。欧盟委员会 2018 年 4 月发布《欧盟人工智能》政策文件，制订了欧盟人工智能行动计划，提出增强技术与产业能力、为迎接社会经济变革做好准备、确立合适的伦理和法律框架三大目标。

党的十八大以来，习近平总书记把创新摆在国家发展全局的核心位置，高度重视人工智能发展，多次谈及人工智能的重要性，为人工智能如何赋能新时代指明方向。2016 年 8 月，国务院印发《"十三五"国家科技创新规划》，明确人工智能作为发展新一代信息技术的主要方向。2017 年 7 月，国务院印发《新一代人工智能发展规划》，从基础研究、技术研发、应用推广、产业发展、基础设施体系建设等方面提出了六大重点任务，目标是到 2030 年使中国成为世界主要人工智能创新中心。截至 2018 年年底，全国超过 20 个省市发布了 30 余项人工智能的专项指导意见和扶持政策。

当前，我国人工智能正迎来史上最好的发展时期，技术创新日益活跃、产业规模逐步壮大、应用领域不断拓展。在技术研发方面，深度学习算法不断精进，智能芯片、语音识别、计算机视觉等部分领域走在世界前列。2017—2018 年，中国在人工智能领域的专利总数连续两年超过了美国和日本。在产业发展方面，截至 2018 年上半年，国内人工智能企业总数达 1040 家，位居世界第二。在智能芯片、计算机视觉、自动驾驶等领域，涌现了寒武纪、旷视等一批独角兽企业。在应用领域，伴随着算法、算力的不断演进和提升，越来越多的产品和应用落地，比较典型的产品有语音交互类产品（如智能音箱、智能语音助理、智能车载系统等）、智能机器人、无人机、无人驾驶汽车等。人工智能的应用范围则更加广泛，目前已经在制造、医疗、金融、教育、安防、商业、智能家居等多个垂直领域得到应用。总体来说，目前我国在各种人工智能应用开发方面发展非常迅速，但在基础研究、原创成果、顶尖人才、技术生态、基础平台、标准规范等方面，距离世界领先水平还存在明显差距。

1956 年，在美国达特茅斯会议上首次提出人工智能的概念时，互联网还没有诞生。今天，新一轮科技革命和产业变革方兴未艾，大数据、物联网、深度学习等词语已为公众所熟知。未来，人工智能将对世界带来颠覆性的变化，它不再是科幻小说里令人惊叹的场景，也不再是新闻媒体上"耸人听闻"的头条，而是实实在在地来到我们身边。它为我们处理高危险、高重复性和高精度的工作，为我们做饭、驾驶、看病，陪我们聊天，甚至帮助我们突破空间、表象、时间的局限，见所未见，赋予我们新的能力……

　　这一切，既让我们兴奋和充满期待，同时又让我们有些担忧、不安乃至惶恐。就业替代、安全威胁、数据隐私、算法歧视……人工智能的发展和大规模应用也会带来一系列已知和未知的挑战。但不管怎样，人工智能的开始按钮已经按下，而且将永不停止。管理学大师彼得·德鲁克说："预测将来最好的方式就是创造未来。"别人等风来，我们造风起。只要我们不忘初心，为了人工智能终将创造的所有美好全力奔跑，相信在不远的将来，人工智能将不再是以太网中跃动的字节和 CPU 中孱弱的灵魂，它就在我们身边，就在我们眼前。"遇见你，便是遇见了美好。"

　　"新一代人工智能 2030 全景科普丛书"力图向我们展现 30 年后智能时代人类生产生活的广阔画卷，它描绘了来自未来的智能农业、制造、能源、汽车、物流、交通、家居、教育、商务、金融、健康、安防、政务、法庭、环保等令人赞叹的经济、社会场景，以及无所不在的智能机器人和伸手可及的智能基础设施。同时，我们还能通过这套丛书了解人工智能发展所带来的法律法规、伦理规范的挑战及应对举措。

　　本套丛书能及时和广大读者、同仁见面，应该说是集众人智慧。他们主要是本套丛书的作者、为本套丛书提供研究成果资料的专家，以及许多业内人士。在此对他们的辛苦和付出一并表示衷心的感谢！由于时间、精力有限，丛书中定有一些不当之处，敬请读者批评指正！

赵志耘

2019 年 8 月 29 日

前　言

　　人工智能方面的科技创新风起云涌、日新月异，甚至呈现井喷式的发展。2016 年和 2017 年，Google 研发的 AlphaGo 相继战胜了世界职业围棋最高段位选手李世石和柯洁。在此之前，人们普遍认为，在围棋比赛上机器永远不可能战胜人类，因为围棋是棋类比赛中思维最为复杂和变幻莫测的，也因为在人们心中围棋是人类思维和尊严的最后一道防线。2017 年和 2018 年，全球有超过 20 个国家发布了人工智能战略，新诞生 1000 多家人工智能初创公司，与人工智能相关的兼并收购金额达到 200 多亿美元，与人工智能相关的风险投资超过 100 亿美元。

　　人工智能已经到来，而且就在我们身边，几乎是无处不在。从人机对弈到智能家居，从同声传译到人脸识别，几十年前略显"科幻"的人工智能现在已经真切地融入我们生活的点点滴滴。随着深度学习在计算机视觉、语音识别及自然语言处理领域获得的成功，无论是在消费者还是在企业，已经有许多依赖人工智能技术的应用臻于成熟，并开始渗透到我们生活的方方面面。小到我们使用的智能手机、网页浏览器的智能推荐系统，大到智慧城市、智能交通、智能安防系统及智能金融里面的智能投顾系统等，都依赖于以机器学习算法为基础的人工智能技术。人工智能算法存在于人们的手机和个人电脑里，存在于政府机关、企业和公益机构的服务器上，存在于共有或者私有的云计算平台之中。我们虽然不一定能够真真切切地感知到人工智能算法的存在，但人工智能算法已经高度渗透到我们的生活之中。正是因为这些算法，才使得人工智能得以有更多、更广泛地应用。

智能化代表着未来城市发展的主要方向之一。"智慧城市"是"智慧地球"中的一个重要组成部分，通过物联网、大数据和人工智能等新一代信息技术改变人们交互的方式，提高城市实时信息处理能力及感应与响应速度，增强城市管理业务弹性和连续性，促进社会各项事业的全面和谐发展。

近 10 年来，发达国家在纷纷完善基础设施建设的同时，新兴国家也都在力争一步到位，构建最高端的智慧城市基础设施。美国、欧洲国家自不必说，中国、印度、韩国、新加坡等亚洲国家，还有澳大利亚、非洲及南美洲等地，纷纷致力于研究智能电网下的可再生能源的大规模开发，同时不断启动涵盖电动汽车、节能建筑等高端低碳环保基础设施的智慧城市建设项目，项目数量已经达到数千个。

伴随着新一代人工智能技术的发展，智慧城市应用场景不断地涌现。例如，智能制造、智能农业、智能物流、智能金融、智能商务、智能家居、智能教育、智能医疗、智能健康与养老、智能政务、智慧法庭、智慧城市、智能交通、智能环保等领域，新一代人工智能与经济社会模型紧密结合，开始发挥出其真正的价值，使得我们发展智能经济、建设智能社会成为可能。

党的十八大以来，习近平总书记统筹中华民族伟大复兴战略全局和世界百年未有之大变局，提出了一系列城市工作新理念新思想新战略，深刻揭示出城市建设依靠谁、为了谁的根本问题，深刻回答了建设什么样的城市、怎样建设城市等重大理论和实践问题，引领我国城市建设取得历史性成就，发生历史性变革。

习近平总书记在党的二十大报告中指出，打造宜居、韧性、智慧城市。这是以习近平同志为核心的党中央深刻把握城市发展规律，对新时代新阶段城市工作做出的重大战略部署。我们要坚持以人民为中心的发展思想，实施城市更新行动，打造宜居、韧性、智慧城市，为全面建设社会主义现代化国家做出应有贡献。

2023 年 2 月，中共中央、国务院印发了《数字中国建设整体布局规划》，并发出通知，要求各地区各部门结合实际认真贯彻落实。规划明确指出，数字中国建设按照"2522"的整体框架进行布局，即夯实数字基础设施和数据资源体系"两大基础"，推进数字技术与经济、政治、文化、社会、生态文明建设"五位一体"深度融合，强化数字技术创新体系和数字安全屏障"两大能力"，优化数字化发展国内国际"两个环境"。

城市是贯彻新发展理念和数字中国建设的重要载体，是构建新发展格局的重要支点。打造宜居、韧性、智慧城市，努力把城市建设成为人与人、人与自然和谐共处的美丽家园，走出一条中国特色新型城镇化和城市发展道路，对以中国式现代化全面推进中华民族伟大复兴具有重要而深远的意义！

目　录

第一篇

城市简史

2008 年，IBM 公司提出"智慧地球"。所谓"智慧地球"就是把传感器嵌入电网、铁路、农田、桥梁、隧道、公路、建筑、供水系统及油气管道等各种物体中，并且被普遍连接，形成"物联网"，然后将"物联网"与现有的互联网整合起来，实现信息系统与物理系统的融合。在此基础上，人类可以用更加精细和动态的方式管理生产和生活，从而达到"智慧"状态。

第一章

城市起源

城市是人群聚集的地方，也是我们人类最伟大的发明。它为我们工作、生活提供了一个平台，是我们复杂社会活动的一个空间承载体。

城市的出现是人类走向成熟和文明的标志，也是人类群居生活的高级形式。早期，人类居无定所，随遇而栖，三五成群，渔猎而食。但是，在对付个体庞大的凶猛动物时，三五个人的力量显得单薄，只有联合其他群体，才能获得胜利。随着群体的力量强大，收获也就丰富起来，抓获的猎物不便携带就找地方贮藏起来，久而久之便在那地方定居下来。但凡人类选择定居的处所，都是些水草丰美，动物繁盛的地方。定居下来的先民，为了抵御野兽的侵扰，便在驻地周围扎上篱笆，这便形成了早期的村落。

随着人口的繁盛，村落规模也不断地扩大，猎杀一只动物，整个村落的人倾巢出动显得有些多了，且不便分配，于是，村落内部便分化出若干个群体，各自为战，猎物在群体内进行分配。由于群个体的划分是随意进行的，那些老弱病残的个体常常抓获不到动物，只好依附在力量强壮的群体周围，获得一些食物。而收获丰盈的群体，不仅消费不完猎物，还可以把多余的猎物拿来，与其他群体换取自己没有的东西。于是，早期的"城市"便形成了。

学术界关于城市的起源有四种说法：

一是防御说。即建城郭的目的是避免受伤外敌侵犯，在居民集中居住的地方或氏族首领、统治者居住地修筑墙垣城郭，形成要塞，以抵御和防止别的部落、氏族、国家的侵犯，以保护居民的财富不受掠夺。

二是社会分工说。认为随着社会大分工逐渐形成了城市和乡村的分离。第一次社会大分工是在原始社会后期农业与畜牧业的分工，不仅产生了以农业为主的固定居民，而且出现了产品剩余，创造了交换的前提。第二次社会大分工是随着金属工具的制造和使用，引起手工业和农业分离，产生了直接以交换为目的的商品生产。使固定居民点脱离了农业土地的束缚。第三次社会大分工是随着商品生产的发展和市场的扩大，促使专门从事商业活动的商人出现，从而引起工商业劳动和农业劳动的分离，并形成城市和乡村的分离。社会分工的出现，从事手工业、商业的人需要有个地方集中起来，进行生产、交换，城市就开始发展和崛起。国外如 13 世纪的地中海沿岸的米兰、威尼斯、巴黎等，都是重要的商业和贸易中心。国内像上海、广州、天津等超大的现代城市，最初也是作为进行交易的固定场所出现的。

三是集市说。认为由于商品经济的发展，形成了集市贸易，促使居民和商品交换活动的集中，从而出现了城市。在人类早期，国家还没有产生的时候已经有了城市的原型。从捕猎采摘到种植农作物，定居下来的先民在物资丰富以后，你有消费不完的猎物，我有多余的粮食，就会有交换的需求，与其他群体换取自己没有的东西。在关键的节点上，会产生这种货物交换的一些集市。这便是早期的"城市"雏形。

四是地利说。用自然地理条件解释城市的产生和发展。认为有些城市的兴起是由于地处商路交叉点、河川渡口或港湾，交通运输方便，自然资源丰富等优越条件的原因。

上述种种说法，都从不同角度、不同层次对城市的起源做出了回答，都有一定的道理。但是最根本的原因，得从经济上去寻找。正如马克思和恩格斯指出："某一民族的内部分工，首先引起工商业劳动和农业劳动的分离，从而也引起城乡的分离和城乡利益的对立。"所以，城市是生产力发展到一定历史阶段的产物，城市的发展也离不开生产力的发展。当然，生产力的发展也离不开与生产关系的相互作用，经济基础离不开与上层建筑的相互作用。归根结底，城市的产生取决于自然、地理、经济、社会、政治、文化等诸方面的因素。

从城市综合经济实力和世界城市发展的历史来看，城市分为集市型、功能型、综合型等类别，这些类别也是城市发展的各个阶段。任何城市都必须经过集市型阶段。

集市型城市：属于农牧业和手工业者商品交换的集聚地，商业主要由交易市场、商店和旅馆、饭店等配套服务设施所构成。处于集市型阶段的城市在中国主要有集镇。

功能型城市：通过自然资源的开发和优势产业的集中，开始发展其特有的工业产业，从而使城市具有特定的功能。城市不仅是商品的交换地，同时也是商品的生产地。但城市因产业分工而形成的功能单调，对其他地区和城市经济交流的依赖增强，商业开始由封闭型的城内交易为主转为开放性的城际交易为主，批发贸易业有了很大的发展。这类型城市主要有工业重镇、旅游城市等。

综合型城市：一些地理位置优越和产业优势明显的城市经济功能趋于综合型，金融、贸易、服务、文化、娱乐等功能得到发展，城市的集聚力日益增强，从而使城市的经济能级大大提高，成为区域性、全国性甚至国际性的经济中心和贸易中心（"大都市"）。商业由单纯的商品交易向综合服务发展，商业活动也扩展延伸为促进商品流通和满足交易需求的一切活动。这类城市在中国比较典型的有直辖市、省会城市。

按城市聚居人口多少可以区分城市规模大小，各国的具体分级标准不尽一致。联合国将 2 万人作为定义城市的人口下限，10 万人作为划定大城市人口的下限，100 万人作为划定特大城市的人口下限。这种分类反映了部分国家的惯例。

我国在城市统计中对城市规模的分类标准如下：城区常住人口 50 万以下的城市为小城市，其中 20 万以上 50 万以下的城市为 I 型小城市，20 万以下的城市为 II 型小城市；城区常住人口 50 万以上 100 万以下的城市为中等城市；城区常住人口 100 万以上 500 万以下的城市为大城市，其中 300 万以上 500 万以下的城市为 I 型大城市，100 万以上 300 万以下的城市为 II 型大城市；城区常住人口 500 万以上 1000 万以下的城市为特大城市；城区常住人口 1000 万以上的城市为超大城市。

第二章

城市演进

　　城市作为一种复杂的经济社会综合体，不可能是在某一天突然出现，而是有个逐渐演进的过程，必须经过一段漫长的历史发展时期。

　　18世纪工业革命之后，工业化促进了生产力水平的提高，城市化进程大大加快。由于农民不断涌向新的工业中心，城市获得了前所未有的发展。在农牧业经济时代，生产力水平低下，城市发展非常缓慢，重要的城市均为具有政治统治作用的都城、州府等。18世纪后，工业化进程促进了生产力水平的提高——加快了城市的发展。

　　城市发展在不同的时代有不同的内涵。城市发展的1.0阶段，是农村经济的行政和交换中心。在农村经济中，城市是围绕集市和政府形成的生活和行政中心。城市发展的2.0阶段是工业城市。中国东北的很多城市、西北的很多制造业重镇都是依托某些制造业而兴起。在这个阶段，城市成为制造业的聚集地，承载了制造业配套的仓储、物流、交通枢纽等功能。因工业兴起的城市也容易因工业而衰落。一旦这个产业不行了，这个城市的活力就很难重振昔日的雄风。东北地区、云南地区、山西地区等部分资源密集型城市，煤炭、矿产资源濒临枯竭，产业结构单一，失业率一度攀升，城市可持续发展受阻。

城市1.0版（城市出现至1850年）：以农业化为主要特征，靠山吃山、靠水吃水。规模小、数量少、大多分布在自然条件优越的地区，以商贸、宗教、政治为中心。

城市2.0版（1850—1990年）：以工业化为主要特征，是第一次工业革命的结果，依托人类力量改造大自然环境。城市形成的原因是技术进步，动力是经济增长，结果是规模的扩大、人口的增加。

城市3.0版（1991年—）：以智慧化为特征对城市重构，依托人工智能技术，对现有资源科学配置，利用知识和信息的生产、传播，将城市规模进一步扩大，使得城市经济地位进一步显现，城市运营组织更加扁平，也更加"智慧"，城市群逐步兴起（图1-1）。

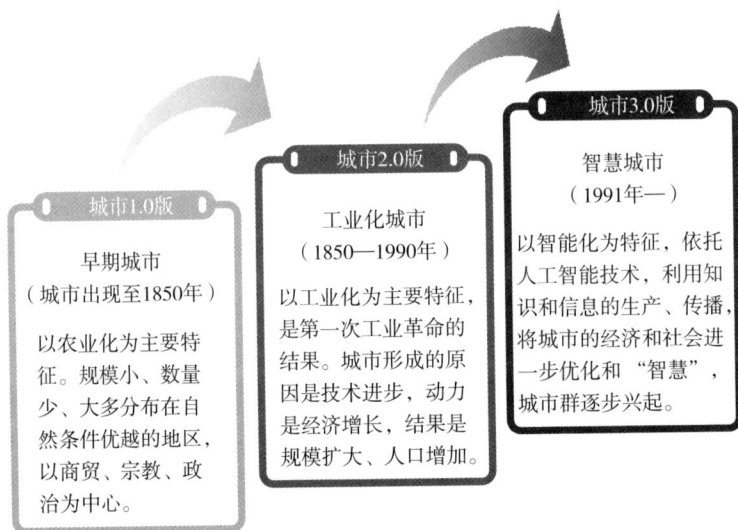

城市1.0版

早期城市
（城市出现至1850年）

以农业化为主要特征。规模小、数量少、大多分布在自然条件优越的地区，以商贸、宗教、政治为中心。

城市2.0版

工业化城市
（1850—1990年）

以工业化为主要特征，是第一次工业革命的结果。城市形成的原因是技术进步，动力是经济增长，结果是规模扩大、人口增加。

城市3.0版

智慧城市
（1991年—）

以智能化为特征，依托人工智能技术，利用知识和信息的生产、传播，将城市的经济和社会进一步优化和"智慧"，城市群逐步兴起。

图1-1 城市的发展历程

当然，城市是一个不断演进的发展主题。在城市发展的不同阶段，人口、产业、城市的演进路径正在发生巨大的变化。第一个阶段是土地、港口、矿产、水源等自然资源吸引的人口聚集，带动产业发展，推动城市兴起。例如，上海的临港优势是上海对外开放的最初推动力。

第二个阶段是产业聚集，激发人口红利，再带动城市发展。比如，东莞的电子加工业推动东莞20世纪90年代以来经济的快速发展。

第三个阶段是通过智能化来推动新旧动能转换，从而推动城市的发展。早期的城市本质在于信息化与城市化的高度融合，是城市信息化向更高阶段发展的表现。如今的智慧城市是人工智能技术使用发展到一定阶段的产物，突出表现在通过人工智能、移动互联网、物联网和云计算等技术的应用，进行明确的顶层设计、通盘考虑和长远设想，解决建设过程中各自为阵、信息孤岛、大量重复建设、业务无法协同等一系列问题，从而建立起城市生产方式、生活方式、交换方式、公共服务、政府决策、市政管理、社会民生的崭新现代城市运行模式（图1-2）。

图 1-2　城市的智能化

自主无人系统的智能技术也将大幅影响到未来城市的运行方式和城市的空间形态。自主无人系统的智能技术是无需人工干预便能自主运营或管理的高级系统，未来可应用于无人驾驶车辆、飞行器、服务机器人、太空机器人、海洋机器人、无人工作车间和智能工厂等方面。例如，自主无人系统的智能技术与高效调配的城市智能交通系统相结合，能确保永远不发生交通事故，永远不会出现交通拥堵，城市也不再需要专职司机。

　　未来，"云网边端智"一体发展的城市数字底座，打造"强基为先"的智能感知之城；建成全程全时、普惠便捷的城市服务体系，打造"惠民为本"的服务体验之城；建成敏捷联动、智能高效的城市治理体系，打造"慧治为要"的精细共治之城；赋能数字经济加速发展，打造"兴业为源"的绿色创新之城，全面实现人民高品质生活、社会高效能治理、营商环境大幅度改善、经济社会高质量发展。

第三章

城市元宇宙

2021 年是元宇宙元年，在政府、机构、企业、大众的热切关注下，元宇宙的相关动态牵动着各行各业，世界主要经济体都在对其进行探讨。

第一节　当城市建设遇到元宇宙

2023 年，元宇宙各赛道产业发展将向深水区迈进，业态也将探索商业模式的闭环打造。在这一年，数字孪生将逐步在各行各业落地：更多元宇宙工厂将开始建设并在工厂的实际生产、运营、管理中发挥作用；智慧城市将有望向孪生城市过渡，并在政务、反恐、应急、安全、韧性城市等场景中发挥重要作用；元宇宙导航将开始出现，并成为未来导航的主要形式。在这一年，NFR 将逐步找到落地的商业模式，解决人们在生产生活中的实际问题，形成实际价值转化，形成商业闭环。在这一年，元宇宙将在工业、农业、教育、医疗、军事、金融、电商、政务等众多行业找到商业落地之处。

元宇宙以虚拟空间作为信息交互的载体和媒介，势必影响和改变实体空间的运行状态。例如，元宇宙中信息跨区域实时交互，人与人之间的沟通不再受限于实际距离或城市区位，城市功能区之间的边界逐渐模糊。很可能促进分布式办公逐渐增多，居住区和办公区的逐渐混合；城市日常通勤的压力显著降低，部分车行道路可被慢行空间和生态绿地取代，提升城市空间品质（图1-3）。

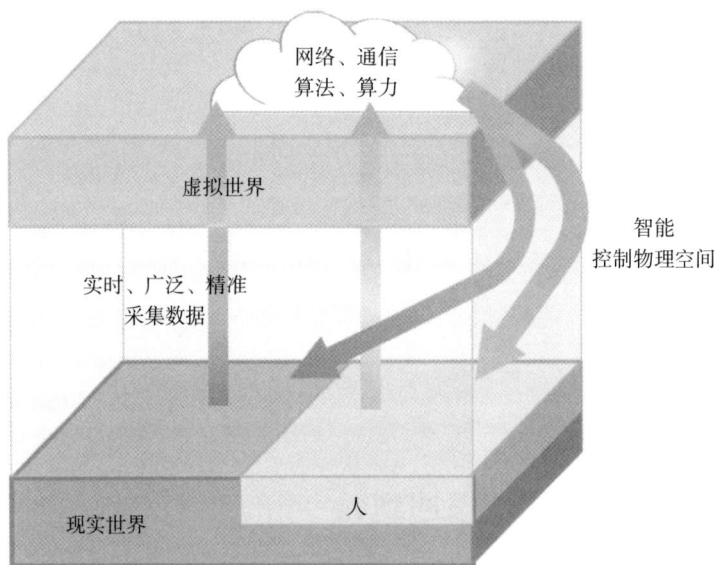

图 1-3　元宇宙的本质

◆　元宇宙 + 空间营造

城市规划在指导城市建设发展中起关键性作用，包括空间布局、运行模式、发展模式和扩展方向等，涉及内外部的各种要素的相关联系。目前，城市管理者一般依据已有的城市规划经验做出城市的短期规划。而随着城市的快速发展，层出不穷的新事件和新要素直接影响着城市发展的可持续性。元宇宙赋则通过技术驱动的范式革新赋能城市规划，在空间设计的新范式、人屋交互新体验、公共空间的新形态中或大有作为。

近几十年普及的计算机辅助设计软件，作为二维制图和三维建模的工具，如 AutoCAD、Sketchup、Rhinoceros 等，更接近于传统设计工具纸、笔和尺的延伸。工具的特性限制了空间设计的流程，缺少多方协同和评估反馈。

元宇宙为设计阶段提供了一种全新的可能范式。在虚拟世界中构建出多方参与的设计平台，各专业集中在虚拟的渲染空间中，协同推进设计方案，通过对建筑外观、材料、构件、设备及相关环境进行直观精准的模拟呈现，身临其境地感知方案建成效果，从而消除地域距离的限制，降低多专业沟通的门槛。

脱离现实成本和工期的顾虑，在元宇宙中可以将不同方案的城市与建筑"落地实施"，城市决策者和居民可以直观体验感受不同方案，进行模拟生活，在预演中检验方案的优势和不足，从而完成多方案的研判和评比。

交互性是元宇宙的基石，作为社交行为重要承载的公共空间，是元宇宙切入城市变革的重要入口。在元宇宙的公共空间中，用户可以不受地域限制地见面和沟通，交流分享知识、开展商业贸易、探讨专业合作、发展教育文化，甚至进行政治参与。社交互动是元宇宙概念的核心。公共空间的魅力很大程度上取决于其所蕴含的丰富的不确定性，元宇宙的社交互动核心正是其魅力所在。

同时，元宇宙也将影响和改变现实城市公共空间环境互动的方式，为公共空间的营造提供一种以体验和交流为核心的方式。城市实体空间作为交互界面，根据用户的喜好、需求和意愿动态呈现，为用户量身打造虚实交融的空间场景，将成为现实城市公共空间的新形态。维智科技在张江科学城构建了4平方千米的元宇宙城市体验空间，借助手机、平板电脑或 AR 眼镜，构建虚实相生的沉浸式主题空间，可以开发商业展陈、艺术展览、科普教育等新场景。

◆　元宇宙 + 城市运营

作为复杂多元的巨系统，城市长久以来难以被完全掌控及预测，元宇宙中城市管理者有可能实现对城市各要素的全方位掌控。所有现实中的居民、事件、信息等都可以实时映射至元宇宙中，汇总分析后实时呈现城市运营状态和问题。管理者和居民可跨越时空限制、全面感知城市运营状态，在元宇宙中观察和预演交通拥堵、自然灾害、疫情防控等事件，模拟事件处置过程，为现实城市运营提供可行的方案。

同时在元宇宙世界中，居民、企业、城市决策者和管理者等多元城市主体从不同视角观察、参与、体验城市管理和运营各个环节，模拟各主体在城市运行中的博弈和合作过程，开展城市治理方案探讨。城市决策者和管理者汇聚多方智慧，取长补短优化城市运营；居民参与城市运营管理，在元宇宙中促进社会多元主体在城市运营的共商、共建、共享。

城市为元宇宙产业提供产品、技术创新试验田，加快元宇宙技术的内容创造和终端场景应用开发，提供市场和应用示范案例。最终，带动城市数字化转型和升级，实现城市的能级跃迁，进而实现城市与产业发展的正反馈循环。元宇宙在远程办公、商贸消费、文化旅游、教育培训、医疗健康和遗产保护等产业中，均有着极大的应用潜力。元宇宙产业基地将成为各地重要的数字经济的产业空间。而随着元宇宙技术的各种跨界渗透，数字博物馆、城市文化会客厅、数字化体验商圈、城市中央创新区（CID）等都将成为元宇宙技术创新与产业发展的重要空间。

◆　元宇宙 + 商贸消费

打造 VR/AR 智慧商圈，支持增强现实应用赋能线下街区，打造互动社交、室内导航等的信息服务，营造虚实融合的"全息街区"。打通数字世界的壁垒，重构"人、货、场"的消费供给方式，推动消费业态的势能升级。

推广 VR 数字 MALL、XR 娱乐空间等应用，鼓励大型商场引入人工智能、增强现实、声光等新技术。构建"虚拟试穿"、AR 导购、AR 互动游戏等数字消费场景。龙湖北京长楹天街运用华为河图技术，通过全息标牌、AR 数字内容布设，打造新的互动玩法，给消费者带来了更有趣、更沉浸的购物体验。

◆　元宇宙 + 文化旅游

推动文化展馆、旅游场所等开发虚拟现实体验产品，让优秀文化和旅游资源借助虚拟现实技术在元宇宙中再生。

打造元宇宙主题乐园，构建实数融合新生活方式中心，建设沉浸式数字文旅示范体验场景。推动全息影像、增强现实等技术与艺术表现、博览展陈等深度融合。三星打造的 Dreamground，将好莱坞公园中的现实建筑与虚拟元素相结合，开辟身临其境的游乐场。Moment Factory 开发的 Augmented，其通过结合实时跟踪技术和投影映射，用户可以与投影在地面上的虚拟元素进行互动。

◆　元宇宙 + 遗产保护

元宇宙为建筑遗产保护提供新的思路。一些建筑遗产因自然或人为损害而逐渐老化乃至消失，元宇宙可以成为一个在虚拟世界中保护建筑遗产的平台。用户可在元宇宙中参观和瞻仰。

利用先进技术对重要文物和历史建筑进行数据留存，是实现文化遗产保护和永久流传的必要手段。建筑遗产等文化遗产在元宇宙中实现完整永久的数字化存档，或将成为保护和展示文化遗产的重要手段。这一应用将结合数字博物馆行业的快速发展获得更为广阔的发展空间。

作为基于互联网、大数据、云计算、人工智能、区块链及虚拟现实（VR）、增强现实（AR）等技术的集成创新与融合应用，元宇宙有望将数字经济发展带到新的高度。

由于"元宇宙"是形成虚实融合、沉浸交互、拥有完备规范体系的新型社会关系平台的一个很好抓手，可以考虑引导线下疫情受损的旅游、商贸、文化等产业线上化。引导元宇宙"虚实结合"，加速场景化、商业化、产业化落地，助力传统产业转型升级也是重要方向。

当前在新兴技术的加持下，元宇宙的雏形已有所展现。从空间形态上，元宇宙将促进城市虚拟空间与实体空间的交互与融合，通过数字时代最新的社交模式，驱动建筑、景观、交通、公共空间等建成环境产生响应的变革，进而为城市提供面向未来发展的空间新形态。在经济形态上，元宇宙与实体产业相互刺激促进，一方面元宇宙服务实体产业，牵引赋能其发展和应用；另一方面实体产业也将适应元宇宙做出调整，拥抱元宇宙变革。同时，元宇宙的建设也会随着时代发展、产业升级而进行更新，最终推动数字经济和实体经济的融合发展。

元宇宙将在城市发展战略中起着重要的作用，切实赋能城市全面数字化转型升级：虚实交互的城市环境为元宇宙提供了丰富的超级应用场，元宇宙又成为构建城市治理新范式，改变城市营造建设、管理和服务的底层逻辑，为城市发展注入新活力。二者融合发展将有效推动城市的创新升级和高质量发展。

城市管理者对于城市基础信息和状态的掌握，受限于数据收集和统计的时间，存在延时性和不准确性。如果充分利用元宇宙提供的实时、沉浸、低延时特性，可以让城市管理者置身于其管理的城市中，全面获取城市信息，充分发挥城市管理者的能力。元宇宙基于与现实世界实时映射的属性，现实中所有人和物都可以在元宇宙中体现，并将所有城市问题全量映射到元宇宙中，通过在元宇宙中观察事件的动态，提前发现态势的变化，模拟问题处置，为现实世界提供预处置。现实世界进行水灾、火灾抢险的演练一般按脚本开展，缺少随机性、真实性、全面性。在元宇宙的世界，模拟一场真实的火灾、水灾等应急事件是轻而易举的事。可以充分体现真实场景、多变态势、全员参与，大幅提高全员的应急能力。这一点对于眼下全球来说都至关重要，在疫情持续的过程中很多地方来不及应对突发疫情而酿成更大的次生灾害的案例不胜枚举。

促进智慧城市发展，以实现可持续未来的政府议程和政策计划，长期以来一直在进行中。韩国政府宣布，计划斥资 33 亿美元建设元宇宙城市，智慧城市的发展即将迎来新的转折点。阿联酋宣布今年要在元宇宙中创建一个虚拟城市。他们表示，元宇宙对教育和医疗保健部门具有极大的好处，并将有助于克服现实世界中的时间和空间限制。

成为元宇宙城市意味着市民将能够访问政府办公室并完成交易，无需亲自到场。在元宇宙内运用的技术，如人工智能，可以智能管理能源和废水回收。

由于元宇宙是现实世界和虚拟世界的混合体，因此将严重依赖人工智能、大数据、数字孪生和物联网的使用，因而这些技术将在这一转变中发挥更大的作用。例如，通过道路、建筑物和公共空间的复制品，数字孪生体可以帮助城市规划者更好地规划交通系统，并告知居民污染水平和其他可疑问题。

第二节　让元宇宙带动城市发展

展望 2022 年元宇宙的发展，多地将其写入地方政府工作报告和规划，元宇宙的场景化、产业化落地或有望加速。

成都市政府工作报告在 2022 年工作安排中提出，推动新经济新赛道加快布局，大力发展数字经济，用好网络信息安全、超算中心等优势赛道，加快发展人工智能、大数据、云计算等新兴赛道，主动抢占量子通信、元宇宙等未来赛道，力争数字经济核心产业增加值占地区生产总值 12.8% 以上。

合肥市政府工作报告也在 2022 年工作安排中提出，前瞻布局未来产业，瞄准量子信息、核能技术、元宇宙、超导技术、精准医疗等前沿领域，打造一批领航企业、尖端技术、高端产品。

武汉市政府工作报告提出，要提升数字经济发展水平，加快壮大数字产业，推动元宇宙、大数据、5G、云计算、区块链、地理空间信息、量子科技等与实体经济融合，建设国家新一代人工智能创新发展试验区，打造小米科技园等 5 个数字经济产业园。

海口市政府工作报告提出，要复兴城产业园加快国际数字港、国家文化出口基地、国家区块链技术和产业创新发展基地、元宇宙产业基地、集成电路公共服务平台等项目建设，拓展年轻人创新创业空间。值得注意的是，2021 年底网易已与海南省三亚市政府签署战略合作协议，将在三亚设立网易海南总部，建设网易元宇宙产业基地项目。

南昌市政府工作报告提出，要打造全国重要会展目的地，办好 2022 世界 VR·元宇宙产业大会、2022 中国航空产业大会暨南昌飞行大会等系列重大活动。此前江西省科技厅已宣布，将 2022 年定位为 VR 产业发展质量突破年，力争今年 VR 及相关产业实现营业收入 800 亿元，同时表示将探索成立元宇宙联盟，支持南昌规划建设元宇宙试验区。

保定市政府工作报告在 2022 年工作安排中提出，要结合首都都市圈发展规划，全面对接北京产业链，大力实施"京保协作五个一"行动，积极谋划集成电路、人工智能、拓展现实和超高清显示、区块链、交互娱乐、元宇宙、新型细胞治疗、基因编辑等未来产业，努力让前沿科技率先突破、先进理念率先应用、未来生活率先体验，全力建设开放共享的产学研用试验场。

不只是政府工作报告，多地在其他规划中也已将元宇宙提上日程。

2021 年 12 月 30 日，上海市经信委印发的《上海市电子信息产业发展"十四五"规划》提出，加强元宇宙底层核心技术基础能力的前瞻研发，推进深化感知交互的新型终端研制和系统化的虚拟内容建设，探索行业应用。

2022 年 1 月 5 日，浙江省数字经济发展领导小组办公室在印发的《关于浙江省未来产业先导区建设的指导意见》中提到，元宇宙与人工智能、区块链、第三代半导体并列，是浙江省到 2023 年重点未来产业先导区的布局领域之一；浙江将加快在脑机协作、虚拟现实、区块链等领域搭建开放创新平台，促进产业技术赋能和集成创新。

2022 年 1 月 7 日的北京市十五届人大五次会议"推动新时代首都发展"新闻发布会上，北京市经信委成员、副局长王磊介绍，北京将启动城市超级算力中心建设，推动组建元宇宙新型创新联合体，探索建设元宇宙产业聚集区。

2022 年 2 月 23 日，北京市通州区人民政府办公室印发《关于加快北京城市副中心元宇宙创新引领发展的若干措施的通知》，其中提出：鼓励发展早期和长期投资，依托通州产业引导基金，采用"母基金＋直投"的方式联合其他社会资本，打造一支覆盖元宇宙产业的基金。这也将是国内第一支元宇宙基金。

近年来，"元宇宙"概念火爆全球，通过虚拟技术引爆文旅产业的案例并不少见，云旅游、虚拟展厅、沉浸式展览等新型文旅服务形式都已成功落地。"元宇宙"已成为文旅产业发展的新动能，结合 AR、VR 等虚拟技术将线上线下联动，实现现实与虚拟的链接。在促进传统文旅行业产业价值与商业价值"活起来"的同时，也为用户创造出独特的消费体验。

未来，参观者可以在元宇宙里看到"大漠孤烟直，长河落日圆"，看到"春江潮水连海平，海上明月共潮生"，看到"一行白鹭上青天"

等具有无限诗意的景象。"数字虚拟人"会为你讲解景区故事，如玉门关惊心动魄的历史，水镇里坚贞不渝的爱情，大海上不断前进的冒险精神等。在游客游览的同时，填补精神文化的需求。参观者还可以和在世界各地的朋友相聚在元宇宙，在这里游览景区，尽管远隔千里也能做到相聚一堂。

第二篇

智能未来

现代城市的发展已经脱离了原始城市限制，无论形式和规模都已经发生了天翻地覆的变化。城市已经由简单的军事、行政、贸易、工业生产功能，变成了综合型的知识、创新和宜居的场所。城市人口大规模聚集，社会分工不断精细、生产效率不断提高。

智慧城市的实践很多是在大数据智能的基础上进行的。大数据智能支持模型包括多样性数据采集、建立结构化数据知识信息库及数据的可视化表达。大数据智能在城市中的应用也是最为广泛和重要的。首先通过传感器、摄像头和 GPS 等监测技术全面监测城市数据，然后对一些非结构化数据进行深度挖掘以最大限度地收集数据，并对数据进行全盘分析，判断每一种决策和行动带来的结果和价值，选取能产生最大价值或最优结果的决策和行动，从而能对整个过程的决策和行为做出科学的规划，提升城市服务水平，改善城市治理手段和方式，进而提升城市综合服务能力。例如，基于道路交通网络数据的智能交通调配，通过充分挖掘交通数据并做出智能分析，进而对交通事故、交通拥堵等问题做出科学的预测，及时调整交通信号，可以有效地改善城市的交通环境。

　　按照《新一代人工智能发展规划》的描述，建设智慧城市，需要构建城市智能化基础设施，发展智能建筑，推动地下管廊等市政基础设施智能化改造升级；建设城市大数据平台，构建多元异构数据融合的城市运行管理体系，实现对城市基础设施和城市绿地、湿地等重要生态要素的全面感知以及对城市复杂系统运行的深度认知；研发构建社区公共服务信息系统，促进社区服务系统与居民智能家庭系统协同；推进城市规划、建设、管理、运营全生命周期智能化（图2-1）。

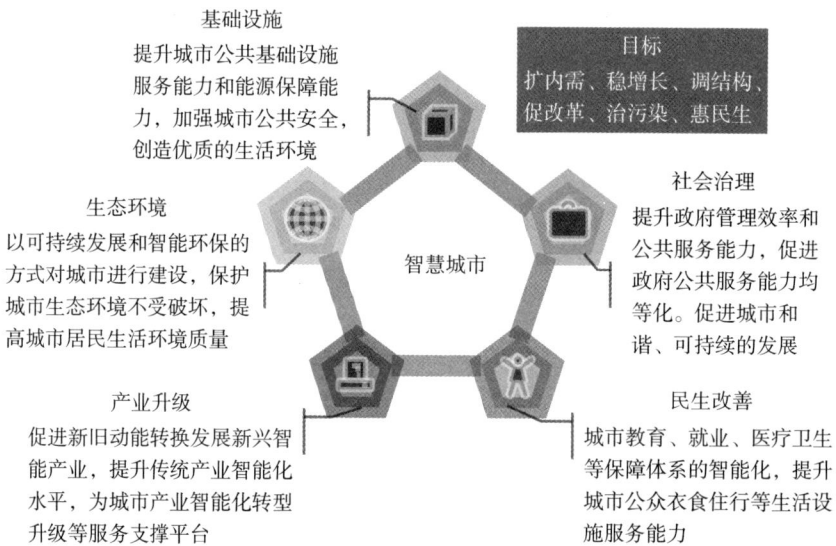

基础设施
提升城市公共基础设施服务能力和能源保障能力，加强城市公共安全，创造优质的生活环境

目标
扩内需、稳增长、调结构、促改革、治污染、惠民生

生态环境
以可持续发展和智能环保的方式对城市进行建设，保护城市生态环境不受破坏，提高城市居民生活环境质量

智慧城市

社会治理
提升政府管理效率和公共服务能力，促进政府公共服务能力均等化。促进城市和谐、可持续的发展

产业升级
促进新旧动能转换发展新兴智能产业，提升传统产业智能化水平，为城市产业智能化转型升级等服务支撑平台

民生改善
城市教育、就业、医疗卫生等保障体系的智能化，提升城市公众衣食住行等生活设施服务能力

图2-1　智慧城市

第四章

基础设施的智能化

——强基为先，筑牢一体发展的城市数字底座

2020 年 3 月 4 日，中共中央政治局常务委员会会议强调，加快 5G 网络、数据中心等新型基础设施建设进度。"新型基础设施"成为资本市场逆势走强的板块，同时也是未来几年社会发展的主旋律。

第一节　新型基础设施建设

传统基础设施建设，简称"老基建"。按照国家发展改革委 2016 年公布的《传统基础设施领域实施政府和社会资本合作项目工作导则》，明确传统基础设施包括能源、交通运输、水利、环境保护、农业、林业以及重大市政工程等领域。

与之相对应，所谓的"新基建"主要包括 5G、卫星互联网、物联网、工业互联网、人工智能、区块链、云计算、大数据中心、智能交通及智慧能源等重点领域（图 2-2）。在全球第四次工业革命的背景下，"新基建"兼顾了稳增长和促创新的双重任务，无疑是未来经济发展的新增长点，具有很强的带动效应、放大效应和乘数效应。

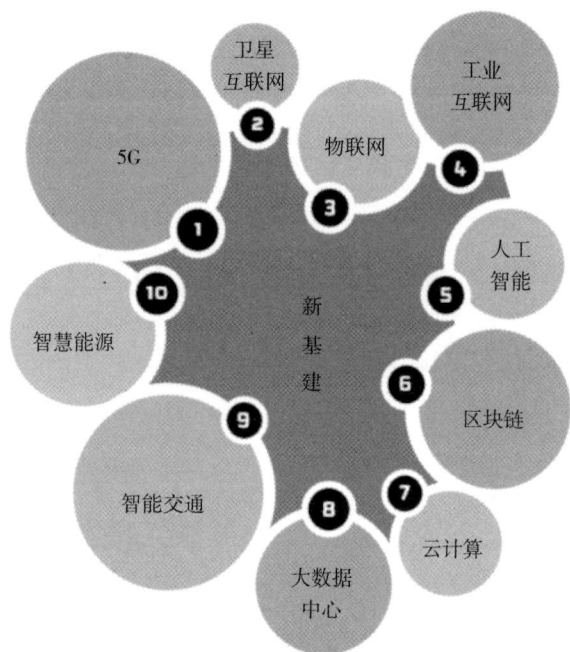

图 2-2　新基建的构成

国家统计局数据显示，尽管我国是基础设施建设大国，但人均基础设施存量仅相当于发达国家的 20% ～ 30%，建设前景广阔。以数字技术为代表的新科技及其应用创新催生的"新基建"，开辟了基础设施建设的新空间。

现代化强国建设需要以现代化产业体系、现代化创新体系和现代化基础设施体系为支撑，这也是新基建的直接使命。随着中国经济从高速增长阶段转向高质量发展，原有基础设施体系的不适应性问题更加凸显。基于新时代新使命，基础设施体系也必然要进行战略性调整，这对"新基建"的支撑能力提出了更高的要求。与此同时，未来 30 年，现代化强国建设的目标任务是明确的，在民生、新科技、新产业、区域发展、新能源、国家安全与治理等方面，都存在大量的"新基建"投资需求，以拉动有效投资。"新基建"也是带动传统基础设施体系转型升级，支撑未来数字经济时代的关键基础设施，是具有质的"代际"

飞跃特征的软硬件基础设施，是提高发展质量的重要支撑。

从生产要素、生产力、生产关系、生产工具等不同视角看，人类社会正在从信息社会转向智能社会，经济形态正在发生巨大转变，基础设施体系也在发生相应的变化。"新基建"将保障物资流、能量流、信息流的数字化、网络化、智能化，将使人类社会、信息空间、物理空间深度融合，释放经济活力，实现创新引领。

城市感知体系泛在有序。基本建成统筹规范、全域感知、以数赋智、体系完备的城市感知体系，重点行业、领域的重要部位视频监控覆盖率达到 100%，基本实现"应感尽感"。

物联网是以感知技术和网络通信技术为主要手段，实现人、机、物的泛在连接，提供信息感知、信息传输、信息处理等服务的基础设施。随着经济社会数字化转型和智能升级步伐的加快，物联网已经成为新型基础设施的重要组成部分。

"新基建"主要立足于科技端的基础设施建设，一方面促进智慧城市、智能交通、智慧能源的发展；另一方面构建 5G、人工智能、数据中心、工业互联网等科技创新领域的基础设施，形成智能教育、智能医疗和智能健康与养老等重大民生领域的消费升级。

所以，发力于科技端的"新基建"，从短期来看，在当前新冠疫情冲击的特定背景下，对于稳增长、稳就业、优结构、挖潜力的现实意义更是十分明显。一方面，有助于扩大有效投融资，在形成网络建设投资的同时，吸引国民经济各行业加大对新一代信息通信技术项目的资本投入。以 5G 为例，来自中国信息通信研究院的数据显示，预计 2020—2025 年可直接拉动电信运营商网络投资 1.1 万亿元，拉动垂直行业网络和设备投资 0.47 万亿元；另一方面，有助于扩大和升级信息消费。同样以 5G 为例，预计 2020—2025 年，5G 商用将带动 1.8 万亿元的移动数据流量消费、2 万亿元的信息服务消费和 4.3 万亿元的终端消费。

从中期来看，将成为"十四五"布局重点，支撑数字经济的蓬勃发展，推动数字经济和实体经济的深度融合，释放巨大的发展潜力。部分发达国家数字经济比重已经超过50%；我国数字经济2018年名义增长20.9%，远超同期GDP增速，对GDP增长的贡献率达到67.9%。"新基建"将为未来五年数字经济的发展奠定基础。

从长期来看，瞄准工业4.0，通过"新基建"推动产业结构高端化和产业体系现代化（图2-3）。回顾历史，铁路、公路、电网等基础设施支撑了分别以机械化、电气化、自动化为特征的三次工业革命，"新基建"则将助力数字化、网络化、智能化发展，推动产业结构高端化和产业体系现代化，成为战略性新兴产业发展和第四次工业革命的关键依托。

所以，"新基建"是以新经济推动和引领国民经济高质量发展全局的重大战略举措。

瞄准工业4.0，
推动产业结构高端化和产业体系现代化

布局"十四五"，
为未来五年经济社会发展打下基础

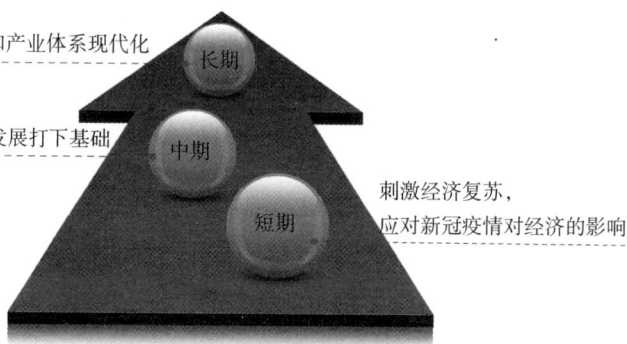

长期

中期

短期

刺激经济复苏，
应对新冠疫情对经济的影响

图2-3 "新基建"的目的

第二节 新一代人工智能

人工智能是研究、开发用于模拟、延伸和扩展人类智能的理论、方法、技术及应用系统的一门新的技术科学。自 20 世纪 50 年代以来，人工智能开始进入人们的视野，学界和业界对人工智能的理解也众说纷纭，科技和商业的多元化发展导致对人工智能的定义、发展动力以及表现形式的理解各异。通常来讲，人工智能可以分为类人行为（模拟行为结果）、类人思维（模拟大脑运作）、泛（不再局限于模拟人）智能。

纵观人工智能发展简史，从 1956 年人工智能概念提出以来，人工智能经历了三个发展高潮。人工智能一词最早是在 1956 年达特茅斯会议上首先被提出的。该会议确定了人工智能的目标是"实现能够像人类一样利用知识去解决问题的机器"。由此，也引发了人工智能的第一次高潮。第一阶段的人工智能以神经元模型和图灵测试为代表，但是缺乏理论和技术支撑，以至于 20 世纪 80 年代跌入低谷。在算法方面，主要致力于研究模拟人的神经元反应过程，从训练样本中自动学习，完成分类任务。但当时，人工智能技术在本质上只能处理线性分类问题，就连最简单的异或题都无法正确分类。许多应用难题并没有随着时间的推移而被解决，神经网络的研究也因此开始陷入停滞。

人工智能的第二次高潮始于 20 世纪 80 年代。机器学习成为人工智能发展的新阶段，针对特定领域的专家系统也在商业上获得成功应用，人工智能迎来了又一轮高潮。然而，应用领域狭窄、知识获取困难等问题使得人工智能的研究进入第二次低谷。随着 20 世纪 90 年代专家系统和机器学习的发展，人工智能开始产业化，迎来了第二次高潮。但是好景不长，由于人工智能基础设施不够完善、技术不够成熟，2000 年左右人工智能再度失去热度。

人工智能的第三次高潮始于 21 世纪初。伴随着大数据时代的到来，人工智能有了源源不断的"数据粮食"供给，深度学习等高级机器学习算法的出现引起了广泛的关注，网络的深层结构也能够自动提取并表征复杂的特征，避免传统方法中通过人工提取特征的问题。同时，深度学习被应用到语音识别以及图像识别中，取得了非常好的效果。直到 2010 年以来随着深度学习、群体学习等新一代人工智能技术的发展，人工智能才迎来它的第三次高潮，进入大家的视野（图 2-4）。

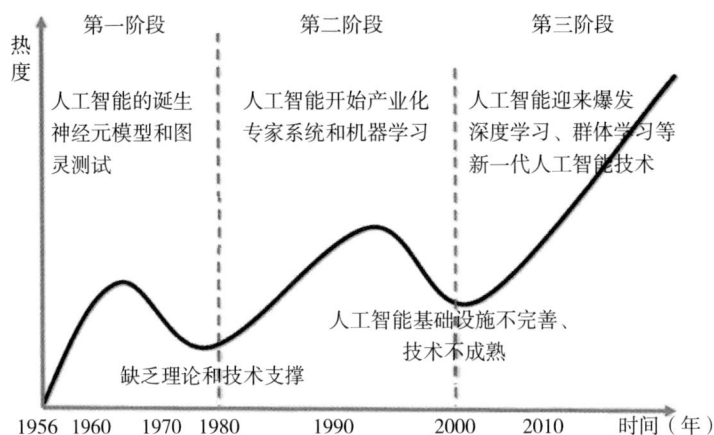

图 2-4 人工智能简史

经过 60 多年的演进，特别是在移动互联网、大数据、超级计算、传感网、脑科学等新理论新技术以及经济社会发展强烈需求的共同驱动下，人工智能加速发展，呈现出深度学习、跨界融合、人机协同、群体智能、自主操控等新特征。大数据驱动知识学习、跨媒体协同处理、人机协同增强智能、群体集成智能、自主智能系统成为人工智能的发展重点，受脑科学研究成果启发的类脑智能蓄势待发，芯片化、硬件化、平台化趋势更加明显，人工智能发展进入新阶段。

2016 年对于人工智能来说是一个"里程碑"式的年份。年初，AlphaGo 大胜围棋九段李世石，让近 10 年来再一次兴起的人工智能技术走向台前，进入公众的视野。过去几年中，科技巨头已相继成立人工智能实验室，投入越来越多的资源抢占人工智能市场，甚至有些企业整体转型为人工智能公司，加紧筹谋人工智能未来布局。我国及其他各国政府都把人工智能当作未来的战略主导，出台战略发展规划，从国家层面进行整体推进，迎接即将到来的人工智能时代。

这一次人工智能的兴起，不仅仅是实验室研究。理论和关键共性技术的研究与商业化同时推进，使得人工智能涌现出更多的产品化、解决方案和服务化落地应用案例，让公众真实感受到了它的存在。尤其是在影像解析、语音识别、卫星导航和自然语言处理等基于深度学习算法应用的领域正在迅速产业化，产业竞争的赛道也随之开启。

人工智能之所以在当今时代迎来成熟，主要有 3 个方面原因：新一代信息技术的快速发展、社会新需求的爆发和基础目标的变迁。从新一代信息技术来看，5G、大数据、移动计算、超级计算、可穿戴设备、物联网、云计算、社交网络、物联网、搜索引擎等驱动人工智能升级；从社会新需求爆发来看，智慧城市、智能医疗、智能交通、智能教育、智能环保、智能政务等消费升级需要人工智能；从基础目标变迁来看，大数据、多媒体、传感器网、增强现实（AR）、虚拟现实（VR）等。新一代的人工智能将从计算机模拟人的智能到人机智能、再到群体智能等。

因此，2017 年 7 月国务院发布的《新一代人工智能发展规划》将发展智能经济作为主要任务之一，要求加快培育具有重大引领带动作用的人工智能产业，促进人工智能与各产业领域的深度融合，形成数据驱动、人机协同、跨界融合、共创分享的智能经济形态。数据和知识成为经济增长的第一要素，人机协同成为主流生产和服务方式，跨界融合成为重要经济模式，共创分享成为经济生态基本特征，个性化需求与定制成为消费新潮流，生产率大幅提升，引领产业向价值链高端迈进，有力支撑实体经济发展，全面提升经济发展质量和效益。

伴随着新一代人工智能技术的发展，真实的应用场景不断地涌现。

如智能制造、智能农业、智能物流、智能金融、智能商务、智能家居、智能教育、智能医疗、智能健康与养老、智能政务、智慧法庭、智慧城市、智能交通、智能环保等领域，新一代人工智能与经济社会模型紧密结合，开始发挥出其真正的价值，使得发展智能经济、建设智能社会成为可能。

2019年3月5日上午，国务院总理李克强作政府工作报告时称，要打造工业互联网平台，拓展"智能+"，为制造业转型升级赋能。同时，政府工作报告还说，要促进新兴产业加快发展，深化大数据、人工智能等研发应用，培育新一代信息技术、高端装备、生物医药、新能源汽车、新材料等新兴产业集群，壮大数字经济。

人工智能是开启未来智能世界的钥匙，是未来科技发展的战略制高点。掌握人工智能，才能成为未来核心技术的掌控者。按照《新一代人工智能发展规划》的目标，我国新一代人工智能发展将分三步走（图2-5）。

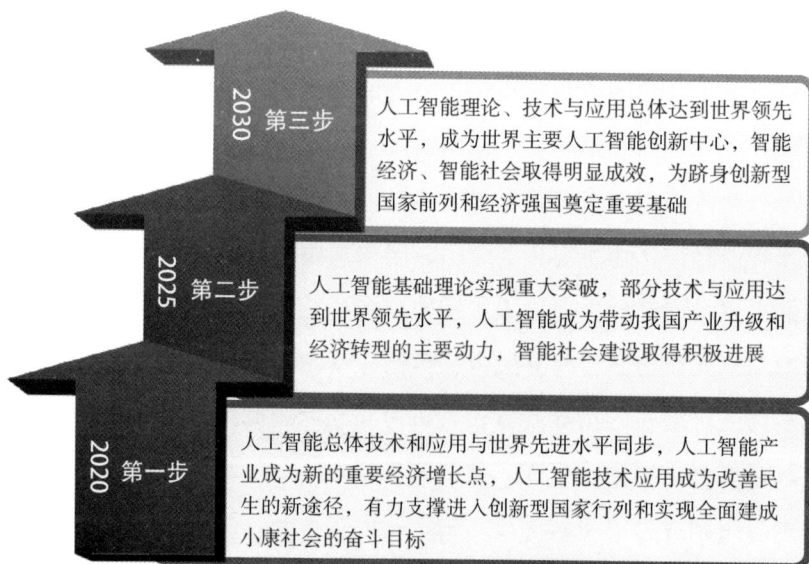

图2-5 新一代人工智能发展目标

2030 第三步：人工智能理论、技术与应用总体达到世界领先水平，成为世界主要人工智能创新中心，智能经济、智能社会取得明显成效，为跻身创新型国家前列和经济强国奠定重要基础

2025 第二步：人工智能基础理论实现重大突破，部分技术与应用达到世界领先水平，人工智能成为带动我国产业升级和经济转型的主要动力，智能社会建设取得积极进展

2020 第一步：人工智能总体技术和应用与世界先进水平同步，人工智能产业成为新的重要经济增长点，人工智能技术应用成为改善民生的新途径，有力支撑进入创新型国家行列和实现全面建成小康社会的奋斗目标

第一步，到2020年人工智能总体技术和应用与世界先进水平同步，人工智能产业成为新的重要经济增长点，人工智能技术应用成为改善民生的新途径，有力支撑进入创新型国家行列和实现全面建成小康社会的奋斗目标。

——新一代人工智能理论和技术取得重要进展。大数据智能、跨媒体智能、群体智能、混合增强智能、自主智能系统等基础理论和核心技术实现重要进展，在人工智能模型方法、核心器件、高端设备和基础软件等方面取得标志性成果。

—— 人工智能产业竞争力进入国际第一方阵。初步建成人工智能技术标准、服务体系和产业生态链，培育若干全球领先的人工智能骨干企业，人工智能核心产业规模超过1500亿元，带动相关产业规模超过1万亿元。

——人工智能发展环境进一步优化，在重点领域全面展开创新应用，聚集起一批高水平的人才队伍和创新团队，部分领域的人工智能伦理规范和政策法规初步建立。

第二步，到2025年人工智能基础理论实现重大突破，部分技术与应用达到世界领先水平，人工智能成为带动我国产业升级和经济转型的主要动力，智能社会建设取得积极进展。

——新一代人工智能理论与技术体系初步建立，具有自主学习能力的人工智能取得突破，在多领域取得引领性研究成果。

——人工智能产业进入全球价值链高端。新一代人工智能在智能制造、智能医疗、智慧城市、智能农业、国防建设等领域得到广泛应用，人工智能核心产业规模超过4000亿元，带动相关产业规模超过5万亿元。

——初步建立人工智能法律法规、伦理规范和政策体系，形成人工智能安全评估和管控能力。

第三步，到 2030 年人工智能理论、技术与应用总体达到世界领先水平，成为世界主要人工智能创新中心，智能经济、智能社会取得明显成效，为跻身创新型国家前列和经济强国奠定重要基础。

——形成较为成熟的新一代人工智能理论与技术体系。在类脑智能、自主智能、混合智能和群体智能等领域取得重大突破，在国际人工智能研究领域具有重要影响，占据人工智能科技制高点。

——人工智能产业竞争力达到国际领先水平。人工智能在生产生活、社会治理、国防建设各方面应用的广度深度极大拓展，形成涵盖核心技术、关键系统、支撑平台和智能应用的完备产业链和高端产业群，人工智能核心产业规模超过 1 万亿元，带动相关产业规模超过 10 万亿元。

——形成一批全球领先的人工智能科技创新和人才培养基地，建成更加完善的人工智能法律法规、伦理规范和政策体系。

展望未来，随着人工智能的发展，再加上充足的数据和有针对性的系统，分配给人类医生的认知方面的任务将会发生改变。当前，医生需要例行地询问患者疾病症状，然后与大脑中已知疾病的症状进行对比。但将来，通过自动化助手，医生就可以改为监督该过程，利用其经验和直觉来指导机器的输入过程，并对输出结果进行评估……

展望未来，我国无人机将实现多行业、规模化、产业化应用；我国将开发出轨道交通自动驾驶核心共性技术，完成自动驾驶系统的示范工程建设，形成一套符合国际规范的中国标准。2030 年，我国能够在局部地区和环境下实现商业化的无人驾驶；无人机应用覆盖率达到全空域、全行业 50%；逐步实现全国范围内城市轨道交通全自动无人驾驶，并在高速铁路上逐步推广应用自动驾驶……

展望未来，当车联网、自动驾驶、信息共享技术成熟，将人工智能驱动的汽车通过 5G 纳入智慧交通乃至于智慧城市这个大的网络平台中，我们就看到了一个释放社会生产力的新物种，将大量的人类驾驶员从驾驶中解放出来。汽车只是一个智能节点，它会与智慧交通甚至智慧城市的人工智能通过 5G 进行连接。汽车的行车路线规划、时速、启停均可受到智慧交通的人工智能统一管理。车辆传感器会将行车过程中的路况信息及时与智慧交通人工智能进行同步。当有紧急或意外情况发生时，车辆人工智能主动进行控制，同时向智慧交通人工智能实时进行汇报，以便等候进一步的处理指令。而智慧交通人工智能则会向其他相关自动驾驶车辆进行信息同步，并产生进一步的自动控制……

我们简单做一个计算，假设每天上路 5000 万台汽车，其 5000 万个驾驶员每天开一小时车，就是 5000 万小时。如果有了自动驾驶，这 5000 万小时折算后节省下来差不多 5000 年的时间可以用于娱乐和工作。如果自动驾驶得到突破，会催生更多的无人系统，节省更多的人类时间。

随着人工智能这一"新基建"的成熟，可以预见在未来人工智能技术会加速渗透深入各行各业，成为各行各业的基础设施，与传统的模式相结合提升生产力。同时人工智能技术也将进一步融入我们的生活中，日益深刻地改变我们日常生活的方方面面。

●•·· 第五章

产业升级的智能化

——兴业为源，全方位赋能数字经济创新发展

城市产生与发展的基本动力——社会生产力的发展。当传统汽车制造业聚集地底特律经济长期萧条之际，宝马公司业绩却呈现出稳定增长态势，成为慕尼黑的城市名片。事实上，制造业正在发生远远超出通过技术进步和管理改善降低成本、提高质量所能描述的巨大变化。这种几乎可以重新定义制造业变化的新特征，就是"软性制造"。软性制造，是指在制造过程中，软性投入在一个产品中超过50%的制造业。通过研发、设计、创意、创新、产品升级、文化传播、品牌塑造等手段不断提升软价值的产业。苹果手机是制造业产品，但其软件的价值超过了60%，是典型的软性制造业。在传统制造业生存举步维艰的同时，新款苹果手机供不应求，耐克限量款运动鞋发售时遭遇抢购，购买特斯拉汽车需要排队，中国游客到日本抢购马桶盖。软性制造满足了消费者不断增长的审美、品位、个性化等精神层面的需要，是制造业转型升级的大趋势。

发展智能经济不仅仅是发展人工智能新兴行业，还要推动人工智能与各行业融合创新，在制造、农业、物流、金融、商务、家居等重点行业和领域开展人工智能应用试点示范，推动人工智能规模化应用，

全面提升产业发展智能化水平（图2-6）。

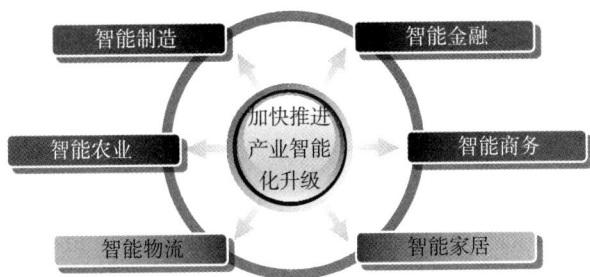

图 2-6　传统产业的智能化升级

第一节　智能制造

　　作为制造业大国，德国2013年开始实施一项名为"工业4.0"的国家战略，希望在"工业4.0"中的各个环节应用互联网技术，将数字信息与物理现实社会之间的联系可视化，将生产工艺与管理流程全面融合。由此，实现智能工厂，生产出智能产品。相对于传统制造工业，以智能工厂为代表的未来智能制造业是一种理想状态下的生产系统，能够智能判断产品属性、生产成本、生产时间、物流管理、安全性、信赖性以及可持续性等要素，从而为各个顾客进行最优化的产品定制（图2-7）。

　　"工业4.0"时代的智能化，是在"工业3.0"时代的自动化技术和架构的基础上，实现从集中式中央控制向分散式增强控制的生产模式的转变，利用传感器和互联网让生产设备互联，从而形成一个可以柔性生产的、满足个性化需求的大批量生产模式。

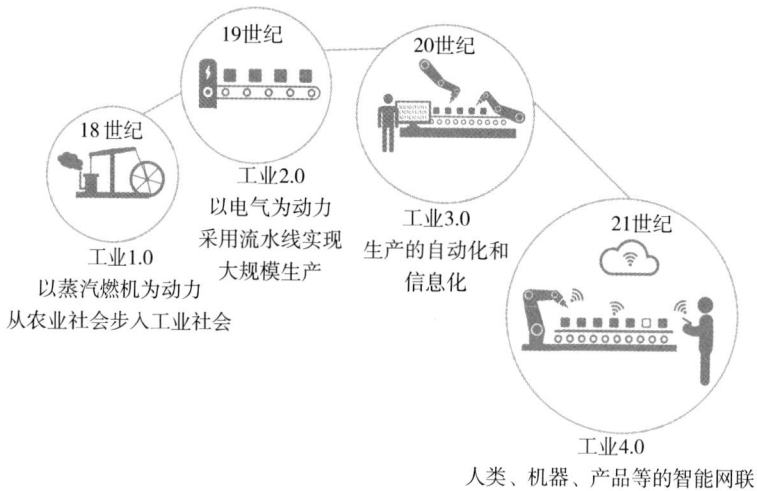

图 2-7　工业 4.0：正在发生的第四次工业革命

20 世纪 70 年代后期，自动控制系统开始用于生产制造之中。此后，许多工厂都在不断探索如何提高生产效率，如何提高生产质量以及生产的灵活性。一些工厂从机械制造的角度提出了机电一体化、管控一体化。机电一体化实现了流水线工艺，按顺序操作，为大批量生产提供了技术保障，提高了生产效率；管控一体化基于中央控制能够实现集中管理，一定程度上节约了生产制造的成本，提高了生产质量。但是，两者都无法解决生产制造的灵活性问题。

英国早在 20 世纪 60 年代就提出了柔性制造系统（Flexible Manufacture System，FMS）的概念。柔性制造系统主要是指按成本效益原则，以自动化技术为基础，以敏捷的方式适应产品品种变化的加工制造系统。据资料显示，柔性制造系统以计算机控制，由若干半独立的工作站和一个物料传输系统组成，以可组合的加工模块化和分布式制造单元为基础，通过柔性化的加工、运输和仓储，高效率地制造多品种小批量的产品，并能在同一时间用于不同的生产任务。这种分布式、单元化自律管理的制造系统，每个单元都有一定的决策自主权，有自身的指挥系统进行计划调度和物料管理，形成局部闭环，可适应生产品种频繁变换的需求，使设备和整个生产线具有相当的灵活性。柔性制造系统是一种以信息为主与批量无关的可重构的先进制造系统，实现了加工系统从"刚性化"向"柔性化"的过渡。

如今，随着信息技术、计算机和通信技术的飞跃发展，人们对产品需求的变化，使得灵活性进一步成为生产制造领域面临的最大挑战。具体而言，由于技术的迅猛发展，产品更新换代频繁，产品的生命周期越来越短。对于制造业工厂来说，既要考虑对产品更新换代具有快速响应能力，又要考虑因生命周期缩短而减少产品批量，随之而来的是，成本提升和价格压力问题。

"工业 4.0"则让生产灵活性的挑战成为新的机遇，将现有的自动化技术通过与迅速发展的互联网、物联网等信息技术相融合来解决柔性化生产问题，实现智能制造。从"工业 3.0"时代的单一种类产品的大规模生产，到"工业 4.0"时代的多个种类产品的大规模定制，"工业 4.0"和"工业 3.0"的主要差别体现在灵活性上。"工业 4.0"基于标准模块，加上针对客户的个性化需求，通过动态配置的单元式生产，实现规模化，满足个性化需求。同时，大规模定制从过去落后的面向库存生产模式转变为面向订单生产模式，在一定程度上缩短了交货期，并能够大幅度降低库存，甚至零库存运行。在生产制造领域，需求推动着新一轮的生产制造革命以及技术与解决方案的创新。对产品的差异化需求，正促使生产制造业加速发布设计和推出产品。正因为人们对个性化需求的日益增强，当技术与市场环境成熟时，此前为提高生产效率、降低产品成本的规模化、复制化生产方式也将随之发生改变。所以"工业 4.0"是工业制造业的技术转型，是一次全新的工业变革。

自 20 世纪 70 年代开始，计算机控制系统的应用推动生产过程自动化水平的不断提升。近年来，随着数字技术范畴的迅速扩大，软件与云计算、大数据分析以及机器学习等一起，成为数字技术的重要组成部分。尼尔斯·尼尔森（Nils J. Nilsson）教授作为早期从事人工智能和机器人研究的国际知名学者曾经这样给人工智能下定义："人工智能就是致力于让机器变得智能的活动，而智能就是使实体在其环境中有远见地、适当地实现功能性的能力。"

当前，在全球范围内，大量资本正涌入人工智能，特别是机器学习领域。渐趋复杂的算法、日益强大的计算机、激增的数据以及提升的数据存储性能，为该领域在不久的将来实现质的飞跃奠定了基础。尽管如此，人工智能及其他颠覆性技术主要还是集中于消费领域，要真正实现以科技创新重塑中国经济，这些前沿技术在工业领域及企业间的大规模应用则更为关键。

相比消费者相关的数据，机器生成的数据通常更为复杂，多达40%的数据甚至没有相关性。而企业必须拥有大量的高质量、结构化数据，通过算法进行处理，除此之外没有捷径可走。

革命性的技术创新与制造业的融合充满挑战，但潜在的收益无比巨大，能够帮助企业寻求最优的解决方案，应对积弊，创造价值，比如设备预测性维护、优化任务流程，实现生产线自动化，减少误差与浪费，提高生产效率，缩短交付时间以及提升客户体验。

以工业机器人为例，其在未来制造业中的应用也拥有巨大的发展空间。随着智能组件和传感器技术的进步，我们可以借助机器学习开发机器人编程的新方式，通过赋予机器人一定的思考和自我学习能力，使其能够更加灵活地满足大规模定制化生产的需求。

未来，人工智能将在重塑中国制造业的征程中发挥重要作用。因此，我们要围绕制造强国重大需求，推进智能制造关键技术装备、核心支撑软件、工业互联网等系统集成应用，研发智能产品及智能互联产品、智能制造使用工具与系统、智能制造云服务平台，推广流程智能制造、离散智能制造、网络化协同制造、远程诊断与运维服务等新型制造模式，建立智能制造标准体系，推进制造全生命周期活动智能化。

第二节　智能物流

自 2015 年以来，国家各级政府机构出台了鼓励物流行业向智能化发展的政策，并积极鼓励企业进行物流模式的创新，主要方向包括：

大力推进"互联网＋"物流发展，发挥互联网平台实时、高效、精准的优势，对线下运输车辆、仓储等资源进行合理调配、整合利用，提高物流资源使用效率，实现运输工具和货物的实时跟踪和在线化、可视化管理。例如，国务院办公厅印发《国务院办公厅关于深入实施"互联网＋流通"行动计划的意见》中提出，鼓励发展分享经济新模式，激发市场主体创业创新活力，鼓励包容企业利用互联网平台优化社会闲置资源配置，扩大社会灵活就业。

鼓励物流模式创新，重点发展多式联运、共同配送、无车承运人等高效现代化物流模式。商务部办公厅印发《2015 年流通业发展工作要点》中提出，深入推进城市共同配送试点，总结推广试点地区经验，完善城市物流配送服务体系，促进物流园区分拨中心、公共配送中心、末端配送点三级配送网络合理布局，培育一批具有整合资源功能的城市配送综合信息服务平台，推广共同配送、集中配送、网订店取、自助提货柜等新型配送模式。

加强物流信息化和数据化建设，国务院办公厅印发《关于推进线上线下互动加快商贸流通创新发展转型升级的意见》中提出，鼓励运用互联网技术大力推进物流标准化，推进信息共享和互联互通；大力发展智能物流，运用北斗导航、大数据、物联网等技术，构建智能化物流通道网络，建设智能化仓储体系、配送系统。

近 10 年来，电子商务、新零售、C2M（顾客对工厂）等各种新型商业模式快速发展，同时消费者需求也从单一化、标准化，向差异化、个性化转变，这些变化对物流服务提出了更高的要求。尤其是，随着 C2M 商业模式的兴起，由用户需求驱动生产制造，去除所有中间流通加价环节，连接设计师、制造商，为用户提供顶级品质，平民价格，个性且专属的商品。这一模式下，消费者诉求将直达制造商，个性化定制成为潮流，对物流的及时响应和定制化匹配能力提出了更高的要求。

人工智能时代下，物流行业与人工智能结合将形成"智能物流"，将改变物流行业原有的市场环境与业务流程，从而涌现一批新的物流模式和业态如货运动态匹配、运力动态调度等。基础运输条件的完善以及智能化的进一步提升激发了多式联运模式的快速发展。新的运输运作模式正在形成，与之相适应的智能配货调度体系快速增长。

智能物流是指通过智能硬件、物联网、大数据等智能化技术与手段，提高物流系统分析决策和智能执行的能力，提升整个物流系统的智能化、自动化水平。

智能物流集多种服务功能于一体，体现了现代经济运作特点的需求，即强调信息流与物资流快速、高效、通畅地运转，从而实现降低社会成本，提高生产效率，整合社会资源的目的。

根据中国物流与采购联合会预测，到 2025 年，智能物流市场规模将超过万亿，当前物流企业对智能物流的需求主要包括物流数据、物流云、物流设备三大领域。

◆ 智能物流数据服务市场（形成层）：处于起步阶段，其中占比较大的是电商物流大数据，随数据量积累以及物流企业对数据的逐渐重视，未来物流行业对大数据的需求前景广阔。

◆ 智能物流云服务市场（运转层）：基于云计算应用模式的物

流平台服务在云平台上，所有的物流公司、行业协会等都集中整合成资源池，各个资源相互展示和互动，按需交流，达成意向，从而降本增效，阿里巴巴、Amazon 等纷纷布局。

◆ 智能物流设备市场（执行层）：是智能物流市场的重要细分领域，包括自动化分拣线、物流无人机、冷链车、二维码标签等各类智能物流产品。

智能配货调度体系，可分为两类：货运动态匹配、运力动态调度。货主发布运输需求，平台根据货物属性、距离等智能匹配平台注册运力。平台利用人工智能技术管理运力资源，如何通过距离、配送价格、周边配送员数量等数据分析进行精确订单分配，为消费者提供最优质的客户体验。

未来，随着无人机、机器人与自动化、大数据等的进一步成熟，可穿戴设备、3D 打印、无人卡车、人工智能等技术将广泛应用于仓储、运输、配送、末端等各物流环节。

◆ 仓内技术：主要是机器人技术，包括 AGV（自动导引运输车）、无人叉车、货架穿梭车、分拣机器人等，主要用于仓内搬运、上架、分拣操作，可有效提升仓内的操作效率，降低成本，如 Amazon 在 13 个分拣中心布局超 3 万个 KIVA 机器人。

◆ 最后一公里配送：无人机技术，包括干线无人机与配送无人机两类，其中配送无人机研发已较为成熟，主要应用于末端最后一公里配送，如京东早在 2017 年 "6·18 大促" 期间，已采用无人机在多省市进行农村小件商品配送，完成 1000 余单配送。

◆ 智能数据底盘：大数据分析技术，通过对商流、物流等数据进行收集、分析，主要应用于需求预测、仓储网络、路由优化、设备维修预警等方面，如京东采用数据预测方式，提前洞察消费者需求，并进行预先分仓备货。

例如，DHL 荷兰仓内，员工可根据智能眼镜的图像提示如包裹体积、目的地信息进行高效分拣。仓内技术中融入了人工智能和可穿戴设备技术，最后一公里中 3D 打印，干线技术中的无人卡车，以及数据底盘的物联网之后，完全可以实现仓内智能分拣、末端产品配送、干线货物运输、产品溯源、决策支持等智能物流。

发展智能物流，下一步主要是加强智能化装卸搬运、分拣包装、加工配送等智能物流装备研发和推广应用，建设深度感知智能仓储系统，提升仓储运营管理水平和效率。完善智能物流公共信息平台和指挥系统、产品质量认证及追溯系统、智能配货调度体系等（图 2-8）。

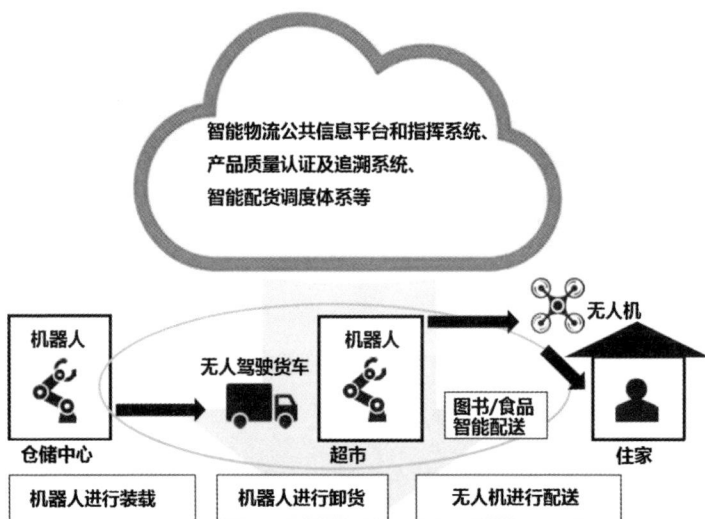

图 2-8　智能物流中的人工智能

第三节　智能金融

金融业是所有产业中收益相对较高也是对市场反应较为敏感的产业，金融信息化的建设一直是技术与商业探索的热点。近几年来，基于普惠金融等需求，国家对金融提出了自动化和智能化的发展要求，银行业最早尝试利用人工智能打造智能化运维体系，推动科技与金融融合。

人工智能拓展了金融服务的广度和深度。智能金融是人工智能与金融的全面融合。智能金融是以人工智能等高科技为核心要素，全面赋能金融机构，提升金融机构的服务效率，拓展金融服务的广度和深度，实现金融服务的智能化、个性化和定制化。在提升内部效率，降低沟通成本的同时提供更多的渠道来服务于金融客户是智能金融的根本出发点。可以说，智能金融正是新一代人工智能金融发展的必然趋势。

尤其是按照《新一代人工智能发展规划》中的要求：未来金融体系要建立金融大数据系统，提升金融多媒体数据处理与理解能力。创新智能金融产品和服务，发展金融新业态。鼓励金融行业应用智能客服、智能监控等技术和装备。建立金融风险智能预警与防控系统。

从政策、经济、社会和技术宏观环境来分析，也可以发现——智能金融是金融未来发展的方向。

从政策来看，国家对金融提出自动化和智能化发展要求，《新一代人工智能发展规划》等支持政策；从经济角度来看，金融科技项目投资热度高涨，备受资本青睐，供给侧改革对金融的改革提出迫切需求；从社会角度来看，居民可支配收入和可投资资产增加，随之金融服务的需求扩大，与此同时，国家培育了大量的金融和人工智能科技人才；从技术角度来看，金融在开展业务过程中积累了大量数据，新一代人工智能技术走向成熟。

人工智能已被广泛应用到银行、投资、信贷、保险和监管等多个金融业务场景。目前，传统金融机构、大型互联网公司和人工智能公司纷纷布局金融领域，智慧银行、智能投顾、智能投研、智能信贷、智能保险和智能监管是当前人工智能在金融领域的主要应用，分别作用于银行运营、投资理财、信贷、保险和监管等业务场景，但整体来看人工智能在金融领域的应用尚不成熟。应用在金融领域的人工智能相关技术主要包括机器学习、生物识别、自然语言处理、语音识别和知识图谱等技术。尽管目前的智能金融应用场景还处于起步阶段，大部分是人机结合式的，人工智能应用对金融业务主要起辅助性作用。但是，金融业务场景和技术应用场景都具有很强的创新潜力，从长远来看，在金融投顾、智能客服等应用方面对行业可能产生颠覆性的影响。

智能金融服务于金融机构的前台、中台和后台。按照金融机构前台、中台、后台三大主要模块来看，智能金融应用场景都有涉及，前台为智能客服、智能支付，中台为智能风控、智能投顾和智能投研，后台为智能数据（图2-9）。

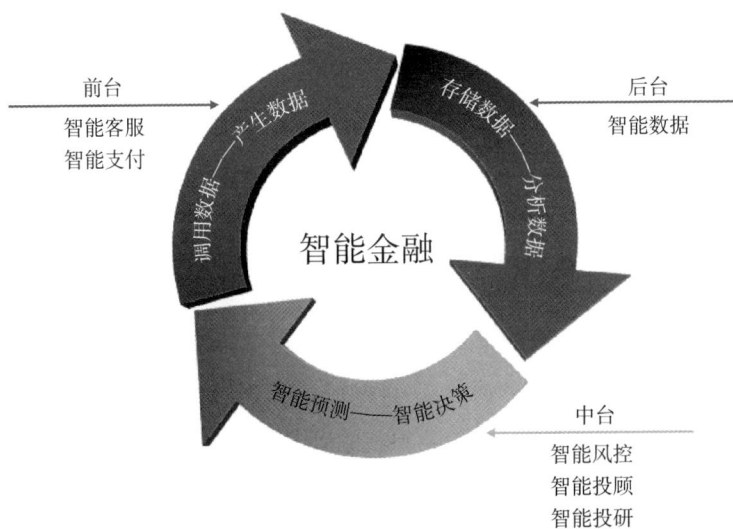

图2-9 智能金融的应用场景

（一）智能客服

随着人力成本的提高、客户消费体验要求的提升以及人工智能技术的发展，劳动力密集型的传统客服已经不能适应市场需求，智能客服开始出现。智能客服通过网上在线客服、智能手机应用、即时通信等渠道，以知识库为核心，使用文本或语音等方式进行交互，理解客户的意愿并为客户提供反馈服务。

智能客服主要解决一些重复性的服务性请求，应用相对比较成熟。对于处在服务业价值链高端的金融业而言，人工智能技术将对金融领域中的服务渠道、服务方式、风险管理、授信融资、投资决策等各个方面带来深刻的变革式影响，成为金融行业沟通客户、发现客户需求的重要决定性因素。目前，交通银行、平安保险等金融机构已经开始运用人工智能技术开展自然语言处理、语音识别、声纹识别，为远程客户服务、业务咨询和办理等提供有效的技术支持，这不仅有效响应客户要求，而且大大减轻了人工服务的压力，有效降低从事金融服务的各类机构的运营成本。

（二）智能支付

移动支付在发展过程中，支付验证技术也经历了快速迭代，密码支付、指纹支付、声波支付（支付宝有应用，规模较小），而人脸识别技术的成熟和人们对支付安全便捷需求性的提高，使得刷脸支付出现在大众视野。

刷脸支付，即基于人脸识别技术的新型支付方式，将用户面部信息与支付系统相关联，通过拍照把获取的图像信息与数据库中事先采集的存储信息进行比对来完成认证。依照目前刷脸支付应用现状来看，刷脸支付确实提高了支付的便捷性，支付过程简便，完成整个支付流程不到 10 秒；支付的安全性，通过人脸识别＋手机号验证的方式增加了双重保险。从理论上来看，刷脸支付是值得期待的。

人脸识别技术——刷脸支付背后的人工智能技术支撑。刷脸支付之所以成为可能，主要依赖于人脸识别技术提供技术支撑。人脸识别技术，是作为生物特征识别领域中一种基于生理特征的识别，是通过计算机提取人脸特征，并根据这些特征进行身份验证的一种技术。

人脸识别技术发展历史悠久，1964 年就已经出现，经历了机器识别、半自动化、非接触式和智能识别四个阶段。在智能识别出现之前，人脸识别技术的识别率低于 74%，并未得到大规模应用。在 2014 年以前，学术界在 FDBB 人脸数据集上取得的最好检测精度是在 100 个误检时达到 84% 的检测率，而之后众多基于卷积神经网络算法的人脸检测器在相同条件下取得了 90% 以上的检测率，目前人脸识别系统最高的识别率可以达到 99% 以上，人脸识别精度已经超过了人眼。

处于智能识别阶段的人脸识别流程主要包括人脸检测、人脸特征提取和人脸匹配三部分。

通常认为，人脸识别技术经历了四个阶段。20 世纪 90 年代以前主要是以识别为主，研究人脸面部特征，算法不够成熟，不能自动识别。20 世纪 90 年代到 2000 年主要研究人工算法识别，人脸识别技术快速发展，处于半自动化阶段。2001 年至 2010 年主要研究非接触式的人脸识别，但是识别率低于 74%。2011 年以来主要研究深度学习在人脸识别中的应用，目前识别率已经超过人眼的 94.9%。目前，国内的机场和高铁站的安检通道几乎都应用了人脸识别技术。

首先通过摄像头拍摄人脸图片，检测人脸的大小和定位。然后，利用卷积神经网络（CNN）算法提取人脸特征，根据人脸特征在人脸图片大数据中进行查找。最后，判定人脸是不是数据库中存在的，进而在数据库中找到匹配度最高的人脸。

（三）智能数据

对于金融公司来说，数据是最重要的资源。而今天，在结构和数量上存在大量的金融数据：从社交媒体活动和移动互动到市场数据和交易细节。金融专家经常需要处理半结构化或非结构化数据，手动处理这些数据是一个巨大的挑战。

智能数据为金融行业带来了裂变式的创新活力，其应用潜力有目共睹。金融行业一直较为重视大数据技术的发展。相比常规商业分析手段，智能数据可以使业务决策具有前瞻性，让企业战略的制定过程更加理性化，实现生产资源优化分配，依据市场变化迅速调整业务策略，提高用户体验以及资金周转率，降低库存积压的风险，从而获取更高的价值和利润。

智能数据在风险管理中最重要的应用是识别潜在客户的信誉。使用机器学习算法来分析过去的支出行为和模式，为了给特定客户建立适当的信用额度。这种方法在与新客户或具有简短信用记录的客户合作时也很有用。

当前，将机器学习技术与管理过程集成仅仅是从数据中提取真实知识的必要条件。智能数据，特别是利用人工智能自然语言处理技术之后，数据挖掘和文本分析更加智能化，更加有助于将数据转化为更好的业务解决方案，从而提高盈利能力。

各种数据报表分析现在是金融服务的核心。预期流失率和股市走势等主要应用都是智能数据带来的预测分析。实时分析足够的智能数据才能揭示预测未来事件的数据模式，为采取投资行动提供科学决策。

（四）智能风控

金融的本质在于风险定价，风控对于金融机构和平台来说都是一种保障。伴随着互联网金融、智能金融的出现，金融业务面临的风险挑战越来越大，对智能风控提出了需求。

智能风控主要依托高维度的大数据和人工智能技术对风险进行及

时有效的识别、预警、防识。基本包含数据收集、行为建模、用户画像和风险定价四个流程。

利用人工智能技术进行智能风控在一定程度上确实突破了传统风控的局限，在利用更高维度、更充分的数据时降低了人为的偏差，减少了风控的成本，可以解决金融业务对风控提出的新挑战。

人工智能技术在智能风控方面的应用发展较快，随着互联网金融的快速发展，如蚂蚁金服、京东金融等不少金融机构和互联网金融公司大力发展智能信贷服务。智能风控主要依托高纬度的大数据和人工智能技术对金融风险进行及时有效的识别、预警和防范。金融机构通过人工智能等现代科技手段对目标用户的网络行为数据、授权数据、交易数据等进行行为建模和画像分析，开展风险评估分析和跟踪，进而推测融资的风险点。根据某些可能影响借款人还贷能力的行为特征的先验概率推算出后验概率，金融机构能够对借款人还贷能力进行实时监控，有助于减少坏账带来的损失。

（五）智能投顾

智能投顾最早在 2008 年左右兴起于美国，又称机器人投顾（Robo-Advisor），依据现代资产组合理论，结合个人投资者的风险偏好和理财目标，利用算法和友好的互联网界面，为客户提供财富管理和在线投资建议服务。

投资者对于投资顾问的需求主要体现在"情绪管理"和"投资策略／建议"：一方面，投资者在投资过程中容易产生贪婪或恐慌的情绪波动；另一方面，投资者金融市场信息了解相对较少，信息不对称。

与传统投顾相比，智能投顾具有低门槛、低费用、投资广、透明度高、操作简单、个性化定制等优势。因此，智能投顾更适合满足投资者的需求。根据美国金融监管局（FINRA）2016 年 3 月制定的标准，理想智能投顾服务包括：客户分析、大类资产配置、投资组合选择、交易执行、组合再选择、税负管理和组合分析。传统投顾和智能投顾都是基于以上七个步骤,只是实施的方式不同,而智能投顾本质上是技术代替人工实现投顾。

随着人工智能的爆发,智能投顾也以强劲的姿态进入我们的视线。其实,智能投顾并不是一个新概念,因为算法基础早在 20 年前就已然扎根成型,而智能投顾近年来的发展主要得益于大数据和计算力提升。

智能投顾主要指根据个人投资者提供的风险偏好、投资收益要求以及投资风格等信息,运用智能算法技术、投资组合优化理论模型,为用户提供投资决策信息参考,并随着金融市场动态变化对资产组合及配置提供改进的建议。智能投顾不仅在投资配置和交易执行能力上可以超越人类,还可以帮助投资者克服情绪上的弱点。工商银行、中国银行等国有银行也纷纷推出智能投顾服务,花旗银行预计到 2025 年智能投顾管理的资产总规模将会高达 5 万亿美元。伴随着人工智能神经网络、决策树技术的不断迭代创新和发展,智能投顾在金融业中将会进一步得到应用和发展。

(六)智能投研

金融业对数据具有极强的依赖性,工作人员每天一半的时间都用来收集和处理数据。因此,如何节省这一半的处理和收集数据的时间,是金融业对人工智能提出的需求。

智能投研是基于知识图谱和机器学习等技术,搜集并整理信息,形成文档,供分析师、投资者等使用。智能机器效率较高,但创新性不足,而人机结合将大大提高决策的效率和质量。

人工智能对金融市场、金融机构和消费者都产生深刻影响。对金融市场来说,人工智能减少信息不对称程度,提升市场效率与稳定性;改善整个金融市场价格发现机制,降低整体交易成本;有效提升交易速度与效率,增加金融市场流动性。对金融机构来说,人工智能促进更多金融机构使用人工智能实现日常业务流程自动化，有效识别客户需求并提供其定制产品，显著提升业绩；促使金融机构提前检测欺诈、可疑交易、违约和网络攻击等风险，提升风险管理水平。对消费者与投资者来说，人工智能降低消费者和投资者金融服务成本，促进其获得更广泛金融服务；通过智能数据分析把握每个消费者或投资者消费偏好，便于提供更多定制化与个性化的金融服务。

第四节 智能商务

新一代信息技术在商务中的地位正在由业务支撑工具逐步走向中心性地位，在很大程度上影响着企业如何开展商务和创造新的价值。企业要求信息技术系统不仅要能够支撑特定商务的执行，而且还要能够创造出新的价值，跟随业务变化而变化，成为快速创新的动力。这时候，人工智能开始在智能商务领域为企业成长和扩张贡献力量。

商务对人工智能有着多种需求：

①广泛互联的能力：连接客户、合作伙伴，赋予员工新的能力。通过将内部员工、合作伙伴和客户的数据进行整合，并进行加工和提炼后再提供出来供内部员工、合作伙伴和客户使用，商业智能系统提升了三者业务上互相联接的能力。

②适应变化的能力：随着业务的发展而变化，促进而非阻碍业务发展。

③创造价值的能力：在业务的各个不同层面上创造价值。商业智能系统为企业各个不同层面的人提供合适的工具和信息，使得获取准确信息和作出明智决策的能力不仅仅局限于决策层，而是所有人员都能够在各自的层面上借助商业智能系统提供能力，从而全方位地增强企业的决策能力，全面创造价值。

早在 30 多年前，沃尔玛就已经开始尝试利用大数据技术来解决分析和预测其市场问题。商业智能提供了提取数据、处理加工、信息访问的技术手段。例如，报表作为一种固定格式的数据展现方式，能展现的可能只是事实的一个侧面，当决策人员需要从数据中了解事实的全貌的时候，他们必须在头脑中对种类繁多的报表里许多相关的数据进行融会与整合，当数据的规模和种类越来越多的时候，这种工作毫无疑问地将会越来越繁重。智能商务的数据整合工作能帮助决策人员从繁重的数据整合工作中解放出来，迅速地从各个侧面读懂数据，使他们能腾出精力更加深入地研究问题的本质，这样既能提高决策的效率，又能通过对数据多角度多层次的分析得到更深入的洞察能力。经过多年发展，商务智能的运用范围逐渐由支撑特定业务过程的战术性决策发展到在企业范围内系统化地创造价值。因此，越来越多的企业已将其视为战略性的企业应用。

商业智能通过将分散在企业各系统中的数据进行整合，使得烦琐的信息获取过程变得简便易行。运用智能商务后，企业内的信息都日常性地保存到企业的数据仓库中，以备决策者作决策时对信息访问的需要。

决策支持系统（Decision Support System，DSS）是以管理科学、运筹学、控制论和行为科学为基础，以计算机技术、仿真技术和信息技术为手段，针对半结构化的决策问题，支持决策活动的具有智能作用的人机系统。该系统能够为决策者提供所需的数据、信息和背景资料，帮助明确决策目标和进行问题的识别，建立或修改决策模型，提供各种备选方案，并且对各种方案进行评价和优选，通过人机交互功能进行分析、比较和判断，为正确的决策提供必要的支持。它通过与决策者的一系列人机对话过程，为决策者提供各种可靠方案，检验决策者的要求和设想，从而达到支持决策的目的。

传统 DSS 采用各种定量模型，在定量分析和处理中发挥了巨大作用，它也对半结构化和非结构化决策问题提供支持，但由于它通过模型来操纵数据，实际上支持的仅仅是决策过程中结构化和具有明确过程性的部分。随着决策环境日趋复杂，DSS 的局限性也日趋突出，具体表现在：系统在决策支持中的作用是被动的，不能根据决策环境的变化提供主动支持，对决策中普遍存在的非结构化问题无法提供支持，以定量数学模型为基础，对决策中常见的定性问题、模糊问题和不确定性问题缺乏相应的支持手段。

智能决策支持系统（IDSS）是决策支持系统与人工智能技术相结合的系统，包括决策支持系统所拥有的组件，包括数据库系统、模型库系统和人机交互系统，同时集成了最新发展的人工智能技术，如专家系统、多代理以及神经网络和遗传算法等。它是以信息技术为手段，应用管理科学、计算机科学及有关学科的理论和方法，针对半结构化和非结构化的决策问题，通过提供背景材料、协助明确问题、修改完善模型、列举可能方案、进行分析比较等方式，为管理者做出正确决策提供帮助的智能型人机交互式信息系统。智能决策支持系统的广义结构如下图所示（图 2-10）。

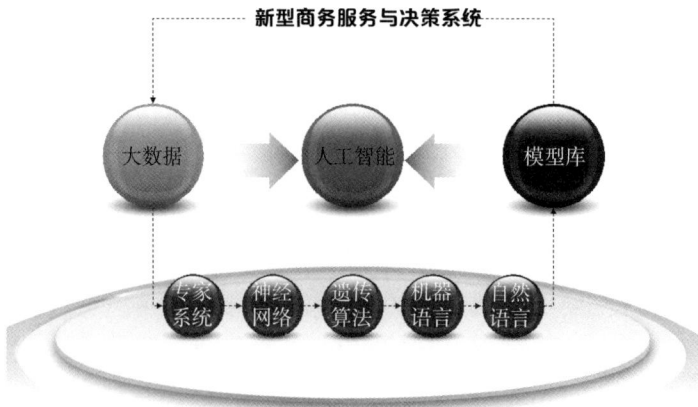

图 2-10　新型商务服务与决策系统

　　新型商务服务利用图谱进行知识内容组织，并将图谱显性化为服务功能，从而打造成为商业知识的数字化地图。通过这一数字商业知识地图，化被动推荐为主动发现。用户在使用过程中可以根据自己的需求，通过知识图谱精准的匹配和导航，快速找到每一个有价值的商业"新知"。同时，知识图谱将商业知识进行了结构化、有序化处理，帮助用户形成体系化、逻辑化的商业判断、决策、执行依据与能力。可以说，利用知识图谱，用户能一眼就看清楚每一个细分领域的商业逻辑，也能够通过知识图谱，以最快速度找到最需要的知识内容。

　　毫无疑问，下一代智能商务应该鼓励跨媒体分析与推理、知识计算引擎与知识服务等新技术在商务领域的应用，推广基于人工智能的新型商务服务与决策系统。建设涵盖地理位置、网络媒体和城市基础数据等跨媒体大数据平台，支撑企业开展智能商务。鼓励围绕个人需求、企业管理提供定制化商务智能决策服务。

第六章

民生改善的智能化
——惠民为本，构建普惠便捷的城市服务体系

民生服务更舒适便捷。提供全程全时、快速响应的民生服务，城市生活更加便捷、舒适，"智慧社区"覆盖率达 80% 以上，居民电子健康档案规范化建档率达到 95% 以上，国家级数字档案馆基本建成。着重提升教育、医疗、人文、养老等民生服务数字化水平，切实增强市民的获得感和幸福感。

政务服务更畅通高效。逐步实现政务服务线上线下融合互通，跨地区、跨部门、跨层级协同办理。政务服务事项全部实现"全程网办"，高频服务事项实现 100%"指尖办"，营造良好的营商环境，服务经济社会高质量发展。

建成人口健康、数字教育和数字文化馆等项目，提升了卫生、教育、文化、就业资源的便捷化、均等化水平。人口健康信息平台建设完成，建立了以居民电子健康档案、电子病历、全员人口库三大数据库为核心的数据中心，实现医疗资源高度共享，提升医院综合管理水平。教育数字平台建成上线，推进远程协同教育教学与在线资源共享，创新"线下＋线上"相结合的教学模式。数字文化馆建设一期完成，初步实现区、部分镇、部分村三级文化馆资源采集、管理、体验、展示等应

用。建成全区就业信息服务平台，满足企业快速精准获取人才的需求，有效保证了新机场和新冠疫情影响下复工复产等方面的就业形势稳定。开展"两镇一街"智慧养老试点建设，建成养老服务信息管理系统，实现镇街养老机构日常运营监管及养老服务商统一管理，为建立全区统一的智慧养老系统奠定基础。

以前，人工智能是模拟人的智能，而现在出现大量新的社会需求。比如，智能教育、智能医疗、智能健康和养老、智能政务、智慧法庭、智慧城市、智能交通、智能环保等。这些需求都不是一个人的行为，是一个系统的行为。如何由人工智能模拟一个系统智慧，这将提出很多新的命题。

尤其是，我国幅员辽阔，地区间发展水平不均衡，并且已经开始步入老龄化社会，注重落后地区的技术水平提升和开发为老年人服务和使用的新产品和新技术，是未来智能社会建设的重要方面。

社会需求开始向注重技术研发和社会服务相结合转变。智能社会相关技术更多的与民生领域相结合，技术研发目标主要是为社会服务。在日本超智能社会建设蓝图中，非常注重社会服务的环境和质量，智能社会功能之一是消除地区和年龄造成的服务差距，这是实现社会共同进步的基础。

所以，结合新一代人工智能技术，围绕提高人民生活水平和质量的目标，加快人工智能深度应用，形成无时不有、无处不在的智能化环境，全社会的智能化水平就将大幅提升。越来越多的简单性、重复性、危险性任务由人工智能完成，个体创造力得到极大发挥，形成更多高质量和高舒适度的就业岗位；精准化智能服务更加丰富多样，人们能够最大限度地享受高质量服务和便捷生活；社会治理智能化水平大幅提升，社会运行更加安全高效。

发展便捷高效的智能服务主要是指，围绕教育、医疗、养老等民生迫切需求，加快人工智能创新应用，为公众提供个性化、多元化、高品质的服务（图 2-11）。

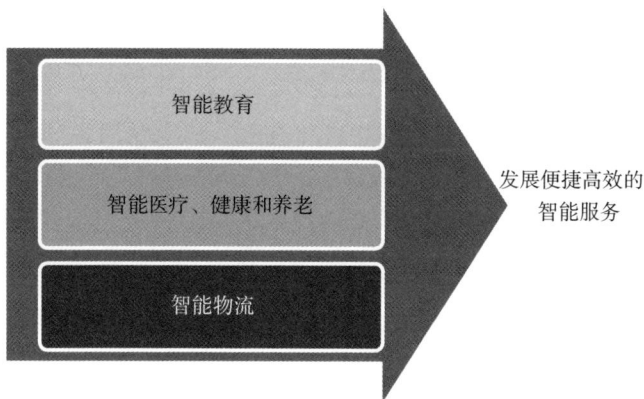

图 2-11　发展高效的智能服务

第一节　智能教育

　　智能教育正改变现有教学方式，解放教师资源，对教育理念与教育生态引发深刻变革。当前全球主要发达国家均加速推进教育教学创新，积极探索教育新模式，开发教育新产品。

　　在改变现有教学方式方面，一是实现教学成果智能测评，提升教学质量。利用人工智能技术对数字化、标准化的教师教学行为与学生学习情况进行测试、分析与评价，帮助师生快速精准定位教学问题，实现针对性、科学性教学，提升教学效果。二是构建个性化学习系统，激发学生自主学习动力。教育企业探索通过对学生学习特点建立知识画像，推送针对性教学内容，进一步激发学生自主学习意愿。自然语言处理，尤其是在与机器学习和互联网结合以后，有力推进了线上学习，并让教师可以在扩大教室规模的同时还能做到解决个体学生的学习需求与风格。反过来，大型线上学习的系统所得的数据已经为学习分析产生了迅速增长的动力。

在解放教师资源方面，一是机器人早已经成为广受欢迎的教育设备，最早可以追溯到 1980 年 MIT Media Lab 所研制出的 Lego Mindstorms。智能辅导系统（ITS）也成为针对科学、数学、语言学及其他学科相匹配的学生互动导师。二是实现作业智能批改，降低教师教学负担。借助图像识别与语义分析技术的持续革新，学生作业自动批改能力已初步实现。三是拓展学生课后学习途径，分担教师教学压力。教育企业通过构建课后习题库并结合图像识别技术，实现对学生上传题目的快速识别，即时反馈答案与解题思路。伦敦教育机构 Whizz Education，探索构建与课堂教学进度高度一致的课后学习系统，通过在线语音互动方式，实现学生课后辅导与答疑。

由于人工智能有助于个性化学习能力的提升，教育领域才能得到加强和转变。斯坦福大学 2018 年 9 月发布的《人工智能与生命》报告认为，虚拟现实、适应性学习、分析学习和在线教学将在未来的 15 年内在课堂上被普及。斯坦福大学的一项研究表明，在未来的 15 年内，虚拟现实、适应性学习或分析学习将在课堂上普及。

《2030 年人工智能与生命》报告是在斯坦福大学推动的"人工智能百年研究"项目中首次发表的报告。该项目旨在促进社会对这些技术的辩论，并指导程序、传感器和智能机器的伦理发展。这份由 24 位来自不同大学的专家参与的出版物，剖析了目前不同领域人工智能的全景图，并以典型的美国城市为例，预测到 2030 年每个领域的趋势将被得到巩固。

在教育方面，该研究强调虚拟现实、教育机器人、智能辅导系统和在线学习或学习分析技术将在未来 15 年内在课堂上占据显著位置。以下五点是《2030 年人工智能与生命》报告中所提到的：

1. 虚拟现实

虚拟现实环境现在被用来允许学生与不同环境或对象进行交互。专家认为，在 2030 年，这些环境将会变得更加普遍和复杂，学生可能会沉浸在其中探索不同的学科。

2. 教育机器人

自从 20 世纪 80 年代乐高在头脑风暴品牌下开发出第一个机器人工具包以来，许多模型已经被推出来推广到不同的学习领域。允许学生创造和编程他们的机器人，同时发展逻辑和演绎思维以及创造力。然而，专家认为只有证明教育机器人除了能激励学生，还能提高他们的学习成绩，这才能在课堂上发挥作用。

3. 智能辅导系统

自动语音识别和自然语言处理等一些人工智能技术的发展促进了智能辅导系统的发展，这些系统已经从实验室迅速转移到实际应用中。这些技术能够模仿教师，指导不同学科的学习和锻炼。当学生遇到问题时，他们会提醒根据错误或答案提供即时反馈，甚至为每个学生设计个性化的学习方案。

4. 在线学习系统

据该报告描述的结果，令人惊讶的是其他在线教育模式在各级教育中呈爆炸式增长，借助人工智能技术，这些学生可以更容易地得到评估。报告称，到 2030 年这一趋势将得到巩固和完善。

5. 学习分析

这一领域是由学习过程中学生数据的测量、收集和分析组成的，它是由在线学习系统的发展所推动的，它们是作为数据收集的"天然载体"。这种合作可以促进教育领域的新科学发现，并促进大规模学习的改进。事实上，目前人工智能技术已经被用于分析学生的动机、行为和结果。这些研究的目的是发现学生最常见的错误，预测哪些错误有失败的风险，并向他们提供实时的反应，这与他们的结果密切相关。事实上，专家们相信学习分析将加速开发个性化学习的工具。

不久的将来，利用智能技术加快推动人才培养模式、教学方法改革，构建包含智能学习、交互式学习的新型教育体系。开展智能校园建设，推动人工智能在教学、管理、资源建设等全流程应用。开发立体综合教学场、基于大数据智能的在线学习教育平台。开发智能教育助理，建立智能、快速、全面的教育分析系统。建立以学习者为中心的教育环境，提供精准推送的教育服务，实现日常教育和终身教育定制化。

第二节　智能医疗

中国人口老龄化趋势下，疾病高发的老年人口数量日趋增多，医疗需求正在逐年增大，面对人口老龄化加剧，我国医疗资源压力巨大。

近年来随着医疗数据数字化深入，深度神经网络学习算法突破以及芯片计算能力提升，人工智能在医疗领域应用掀起第二次浪潮，已渗透到疾病风险预测、医疗影像、辅助诊疗、虚拟助手、健康管理、医药研发、医院管理、医保控费等各个环节，并取得初步成效。

早在2016—2017年，我国对于医疗领域也提出明确的人工智能发展要求，包括对技术研发的支持政策，就相关技术和产品提出健康信息化、医疗大数据、智能健康管理等具体应用，并针对医疗、健康及养老方面提出明确的人工智能应用方向。

医疗保健也被视为人工智能的一个有潜力的应用领域。未来几年，基于人工智能的应用将改善人类的健康状况，提高他们的生活质量，但前提是要能够得到医生、护士和患者的信任。该领域的主要应用包括临床决定支持、患者监测和指导、帮助手术或患者护理的自动化设备，以及医疗保健系统管理。近期，人工智能技术在医疗保健领域取得了很大成功，包括通过挖掘社交媒体数据来推断可能的健康风险、通过机器学习来预测有风险的患者，以及利用机器人支持手术等，这在很大程度上拓展了人工智能在医疗保健领域的应用潜力。但是，与医疗专业人员和患者交互方式的提升将是未来的一个核心挑战。

众所周知，数据是实现智能医疗的核心保障。如今，我们在数据收集方面已经向前迈进一大步，包括通过个人监测设备和移动应用、通过临床机构的电子病历（EHR），以及通过医用机器人所收集的大量有价值的数据。虽然如此，利用这些数据来确保更精准的诊断和治疗也不是一件容易的事情。此外，落后的监管和激励结构也影响了人工智能技术在该领域的应用。而体验欠佳的人机交互方式、在大型和复杂系统中部署人工智能技术所固有的困难和风险，也让一些人并未意识到人工智能在医疗保健领域的应用潜力。如果上述障碍被消除，再加上业内的持续创新，相信人工智能技术未来今年将显著提升人类的健康状况和生活质量（图 2-12）。

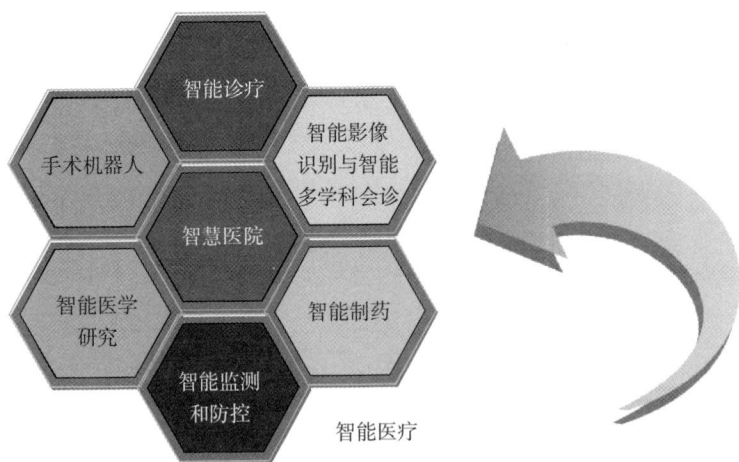

图 2-12 智能医疗的应用场景

（一）智慧医院

智能化监管，各国医保监管机构的必然选择。智能化监管结合时间和空间，从患者、疾病、诊疗、 医生、医院等多个维度建立医疗就医关系网络，利用机器学习等相关算法，识别其中的欺诈行为和群体。当前美国半数以上的管控型医疗组织机构在实施医疗反欺诈行动中都通过运用专业的反欺诈信息系统，来帮助稽核人员分析大量的数据和进行前瞻性欺诈调查，以检测和识别不一致的数据或形态等，随着信息技术特别是人工智能技术的不断发展，医保监测逐步走向智能化时代。

我国政府大力支持推广医保智能监管模式，将人工智能技术与"三医联动改革"相结合，在医保监管领域，推动医保智能监管模式在全国范围内进行推广，将所有医保定点医疗机构纳入监管范围，实现住院和门诊医疗费用 100% 智能审核。

（二）手术机器人

机器人是人工智能各类应用中最受关注的一项应用，国内目前的医疗机器人主要包括手术机器人（包括骨科手术机器人、神经外科手术机器人等）、肠胃检查与诊断机器人（包括胶囊内窥镜、胃镜诊断治疗辅助机器人等）、康复机器人（针对部分丧失运动能力的患者）以及其他用于治疗的机器人（例如智能静脉输液药物配制机器人）。

10 多年前，医疗机器人基本上仅存在于科幻场景中。一家名为"Robodoc"的公司（从 IBM 分离出来）开发了外科整形机器人，用于臀部或膝关节替换。这项技术确实可行，但这家公司却难以维持生计，最终倒闭，其技术被收购。但近期，外科手术机器人的研究和应用得到了长足发展。

2000 年，Intuitive Surgical 公司推出了"da Vinci"系统。该

系统最初用于支持微创心脏搭桥手术，后来又在前列腺癌治疗方面取得进展。2003 年，Intuitive Surgical 与当时唯一一家主要竞争对手 Computer Motion 公司合并。如今，"da Vinci"系统已经进入第四代产品，被视为腹腔镜手术的护理标准。在每年 100 多万台手术中，近 1/4 都使用了"da Vinci"系统。它不仅提供了一个物理平台，也是一个研究手术程序的新数据平台。"da Vinci"的成功也激发了其他公司进入该领域，例如 Google 母公司 Alphabet 旗下生命科学部门 Verily 与制药巨头强生（Johnson & Johnson）合作，共同创立了 Verb Surgical 公司，主打机器人手术助手。将来，可能会有更多企业进入该市场，并探索不同的细分空间，打造出一个感知、数据分析和自动化生态系统。直觉外科公司（NASDAQ：ISRG）1995 年成立，2000 年上市时股价为 10 美元，目前已经将近 1000 美元。过去 15 年积累的超过 500 万台的实际手术案例，而且现在正以每年超过 100 万台的数字增加。

国内医疗机器人的研究起源于 20 世纪 90 年代，最早是由北京航空航天大学与解放军海军总医院联合研制的脑外科手术机器人（最新一代名为 Remebot），获得了 CFDA 的认证，已完成几千例临床手术，2003 年实现了北京到沈阳之间的远程机器人导航脑外科手术；北京航空航天大学研制的骨科手术机器人同样获得 CFDA 认证，2006 年完成了北京到延安之间的远程骨科手术。此外，哈工大、中科院自动化所、天津大学等国家高等院所也正在进行医疗机器人在各领域的研究。

展望未来，医疗市场的许多任务都可以通过机器人来完成，但并不是完全自动化。例如，机器人能为医院里的每个房间运送货物，但这需要人类的协助，例如把机器人放在适当的位置上。搀扶患者走路是一项相对简单的任务，尤其是在患者挂拐的情况下。相比之下，帮助患者缝合伤口相对复杂些。但只要一开始把针放在正确的位置上，也不是什么难题。这意味着将来许多机器人系统都需要人机之间的紧密互动，这就需要相应的技术来保障。自动化的发展将对医疗程序带来许多变化。之前，机器人并不是一门数据驱动型科学。

但随着自动化或半自动化技术进入医疗市场，这种局面将被打破。随着新的手术、送货和患者护理机器人平台的出现，基于这些平台数据的量化和预测分析也将启动。这些数据可被用于医疗质量评估、识别医疗程序缺陷或错误或潜在的程序优化，也可被用于提供性能的反馈。简而言之，这些平台将在"治疗和结果之间"建立起关联，形成真正的"闭环"医学。

（三）智能诊疗

辅助诊疗是个宏观概念，凡是为医生疾病诊断与制定治疗方案提供辅助的产品，都可以认为是辅助诊疗产品。其中最典型的是利用医学影像辅助医生进行诊断与治疗。除医学影像以外，"智能＋辅助诊疗"的产品还有两大类：

◆　医疗大数据辅助诊疗，其中包括基于认知计算、以 IBM Watson for Oncology 为代表的辅助诊疗解决方案；

◆　医疗机器人（这里的"医疗机器人"，指的是针对诊断与治疗环节的机器人，导诊等医院流程环节的机器人不在这里讨论）。

在医疗领域中的虚拟助理，人们通过文字或语音的方式，与机器进行类人级别的交流交互；则属于专用（医用）型虚拟助理，它是基于特定领域的知识系统，通过智能语音技术（包括语音识别、语音合成和声纹识别）和自然语言处理技术（包含自然语言理解与自然语言生成），实现人机交互，目的是解决使用者某一特定的需求。

"虚拟助理"服务，主要解决语音电子病历、智能导诊、智能问诊、推荐用药等需求，并且有衍生出更多需求的可能性。港德信 2016 年的一项调查显示，中国 50% 以上的住院医生平均每天用于写病历的时间超过 4 小时，相当一部分医生写病历的时间超过 7 小时；国内部分放射科仍采用传统书写方式，有专门记录员记录医生主诉内容，而后转录入电脑中，效率低下。虚拟助理则能够避免时间浪费，医生的主诉内容可以实时转成文本，录入到 HIS、PACS、CIS 等医院信息管理软件中，不仅提高了填写病历的效率，而且使医生能够将更多的时间和精力用于与患者交流和疾病诊断之中。

2017 年智能导诊机器人在各地医院开始落地。机器人是人工智能各大应用中的热门应用，技术相对成熟，资本市场火热。医疗领域的导诊机器人主要基于人脸识别、语音识别、远场识别等技术，通过人机交互，执行包括挂号、科室分布及就医流程引导、身份识别、数据分析、知识普及等功能。从 2017 年起，导诊机器人产品开始陆续在北京、安徽、湖北、浙江、广州、云南等地的医院、药店中落地使用。

辅助诊疗基于认知计算，以 IBM Watson for Oncology 为代表的辅助诊疗解决方案，以及医疗机器。IBM 研发出的超级电脑沃森成为进军医疗的人工智能先锋，它能帮助专业人士作复杂的分析，例如帮助肿瘤医生发现被遗漏的细节。其处理信息提供建议的速度比任何机器都快得多，每秒钟可以处理 6000 万页文件。过去，大约有 80% 的信息是零散的。在医学上，这些信息包括病例记录、医学杂志上的文章以及卫生部门掌握的原始数据。从理论上来说，沃森可以让这些数据都派上用场，沃森可以非常准确地判断病情并提出治疗方法。

（四）智能影像识别与智能多学科会诊

随着计算机技术和医学影像技术的不断进步，医学影像已逐渐由辅助检查手段发展成为现代医学最重要的临床诊断和鉴别诊断方法。医学影像，是目前人工智能在医疗领域最热门的应用场景之一。通过计算机视觉，实现病灶识别与标注等多种需求。"医学影像"应用场景下，主要运用计算机视觉技术解决以下三种需求：

◆　病灶识别与标注：针对医学影像进行图像分割、特征提取、定量分析、对比分析等工作；

◆　靶区自动勾画与自适应放疗：针对肿瘤放疗环节的影像进行处理；

◆　影像三维重建：针对手术环节的应用。

我国影像科／放疗科医生供给不足、误诊／漏诊率较高。人工智能与医学影像结合，节约时间，提高诊断、放疗及手术精准度。

以往，供给严重不平衡，影像科／放疗科医生数量不足，尤其是具有丰富临床经验、高质量的医生十分短缺；诊断结果基本由影像科医生目测和经验决定，误诊、漏诊率较高；受限于影像科医生读片速度，以及放疗科医生靶区勾画(一次勾画通常有约200～450张CT片)速度，耗费时间较长。如今，人工智能与医学影像的结合，能够为医生阅片和勾画提供辅助和参考，大大节约医生时间，提高诊断、放疗及手术的精确度。

针对手术环节的影像三维重建，是"智能＋医学影像"的又一子场景。早在20世纪90年代起就开始陆续出现影像三维重建产品，但由于存在配准缺陷而使用率不高；随着人工智能的引入，采用进化计算的算法，可以有效解决配准缺陷周期性复发的问题，实现更精准的影像三维重建。目前该领域的软件主要承载影像重构、3D手术规划的功能，能够最大化自动重构出患者器官真实的3D模型，与3D打印机无缝对接，实现3D实体器官模型的打印。在3D可视化的环境下，帮助医生进行术前规划，确保手术的顺利进行，推进数字化医疗之个性化、精准化。

（五）智能医学研究

基于人工智能开展大规模基因组识别、蛋白组学、代谢组学等研究和新药研发，推进医药监管智能化；通过基因测序与检测，提前预测疾病发生的风险。"疾病风险预测"场景，是除"医学影像"以外的另一热门应用场景。根据亿欧智库的统计，目前国内共有 45 家公司提供"疾病风险预测"服务。

从人口层面讲，人工智能可以从数百万患者的临床记录中挖掘出一些有价值的信息或模式，从而提供更加个性化的诊断和治疗。随着基因测序技术的发展，自动发觉"基因型与表型"（Genotype-phenotype）的关联也将成为可能。传统和非传统的医疗数据，在社交平台的支持下，将来可能会出现自我定义的亚种群（Subpopulations，种群在地理上或者其他方面特征突出的群体）。每一个亚种群由周围的医疗服务提供商生态系统来管理，再辅以自动化推荐和监测系统。这些发展有可能极大地改变未来医疗服务的提供方式。同样，从可穿戴设备上自动获取个人环境数据也将推动个性化医疗的发展。

数十年来，图像自动解释也是一项颇具潜力的研究领域。尤其是对大批量未标记图像的解释取得了长足发展，如来自互联网的大型图库。但遗憾的是，对医学图像的解释却并未获得同样的发展。许多医学图像形态（如 CT、核磁共振和超声波）本身就是数字格式，并且已被归档，而且也有一些大型传统企业在研究它们，如西门子、飞利浦和通用电气。

疾病风险预测的实现，与精准医学的发展有着密不可分的联系。"精准医学"概念最早是由美国医学界在 2011 年提出，其核心是"基因组学"（Genomics）的发展。基因组学是研究生物基因组和如何利用基因的一门学问，最早可追溯到 1985 年由美国提出，英国、法国、德国、日本以及中国等多国科学家共同参与的、预算达到 30 亿美元的"人类基因组计划"。该计划通过测定组成人类染色体中所包含的 30 亿个碱基对组成的核苷酸序列，绘制人类基因组图谱，并且辨识其载有的基因及其序列，达到破译人类遗传信息的最终目的。人类基因组计划的一项重要目标，就是认识疾病产生的机制，从而实现疾病的预测。

基因测序是基因检测的方法之一，只是完成 DNA 序列的读取；而基因检测是通过杂交、基因测序等方法，确定 DNA 序列中是否含有特定的一段序列，来明确相关基因的某些功能。基因检测的难度较高，据业内人士透露，目前国内只有不到 10% 的公司有能力完成基因检测，其余均停留在利用基因测序产品提供测序服务的水平上。

2014 年以来，我国在第三代人类基因测序关键技术方面取得重要进展，即通过人工智能来自动分析个体基因序列信息。第一代测序方法需要高昂的时间和经济成本，而近两年发展起来的第二代、第三代测序方法，则可以大大缩减时间，降低成本投入。基因测序方法的逐渐成熟，推动基因测序技术的商业化进程，我国自 2014 年以来大量出现通过基因测序技术预测疾病风险的创业公司。

（六）智能制药

人工智能助力缩短新药研发时间，降低研发成本，使低成本、快速研发个性化治疗药物成为可能。

药物挖掘主要完成的是新药研发、老药新用、药物筛选、药物副作用预测、药物跟踪研究等方面的内容；人工智能技术在药物挖掘方面的应用，主要体现于分析化合物的构效关系（药物的化学结构与药效的关系），以及预测小分子药物晶型结构（同一药物的不同晶型在外观、溶解度、生物有效性等方面可能会有显著不同，从而影响了药物的稳定性、生物利用度及疗效）。

人工智能与药物挖掘的结合，使得新药研发时间大大缩短，研发成本大大降低；这将有可能从根本上改变用药"平均"观念，即某种药物在临床使用中对大多数人有效，则认为这种药物对所有人有效。拿肿瘤举例，每名患者的肿瘤基因组均不相同，导致生物学行为有差异，也就导致药物在临床反应中效果不一；而通过低成本、快速的药物挖掘研发个性化治疗药物，将成为可能；目前主要成果体现于抗肿瘤药、心血管药、孤儿药（罕见药）及经济欠发达地区常见传染病药，其中抗肿瘤药占到 1/3。

人工智能可有效解决研发周期长、研发成本高、研发成功率低等痛点；相关公司需时间积淀，短期很难产生营收数据。传统的药物研发存在研发周期长、研发成本高、研发成功率低等痛点。一款新药的研发，要经过化合物研究、临床前研究、临床研究（临床Ⅰ、Ⅱ、Ⅲ期试验）、SCFDA 或 CFDA 审批后才能够上市。而人工智能技术的引入，则在一定程度上解决这些痛点。例如，在临床前研究环节，把得到活性数据结合化合物结构得到初步构效关系，以指导后续结构优化；若效果不理想，则需要退回上一步，重新合成，非常耗费时间；人工智能则可以提高筛选效率，优化构效关系。此外，在临床试验阶段，寻找匹配的患者参与试验十分耗费时间；而人工智能能够结合医院数据，快速找到符合条件的患者。

人工智能与药物挖掘结合最典型的案例，是硅谷公司 Atomwise 通过 IBM 超级计算机，在分子结构数据库中筛选治疗方法，评估出 820 万种候选化合物，研发成本仅为数千美元，研究周期仅需要几天。2015 年，Atomwise 基于现有的候选药物，应用人工智能算法，不到一天时间就成功地寻找出能控制埃博拉病毒的两种候选药物，以往类似研究需要耗时数月甚至数年时间。

药物研发具有低效和费时费钱的特点，一种新药研发费用超过 1 亿美元，周期长达 8～12 年，同时还需要药物化学、计算机化学、分子模型化和分子图示学等多学科配合，因此在智能医疗应用中最具挑战性。目前部分科技公司利用人工智能技术对大量分子数据进行训练来预测候选药物，并分析健康人和患者样品的数据以寻找新的生物标志物和治疗靶标，建立分子模型，预测结合的亲和力并筛选药物性质，有效降低药物开发成本，缩短上市时间并提高新药成功的可能性。如BergHealth 公司利用人工智能技术成功找到了癌症代谢的关键作用分子，提升癌症新药研发效率，其主要抗癌药物—BPM31510，目前处于针对晚期胰腺癌患者治疗的 II 期临床试验过程中。

（七）智能监测和防控

人工智能还可以用于加强流行病智能监测和防控。其实人工智能在疾病检测和防控领域的应用已经出现多年，最出名的就是 Google 于2008 年推出的 Fluetrends 流感预测，Google 基于人群的搜索关键字来预测流感，如当人们在 Google 上搜索温度计、流感症状、肌肉疼痛、胸闷等这样的关键词，当搜索的人群量达到一定规模，基于智能算法就能对流感的趋势进行预测，Google 的流感预测准确度一度甚至超过美国疾病防控中心。美国知名连锁药房 CVS 就利用 IBM 沃森的技术对药房会员疾病风险进行预测以提供更具针对性的服务。

为此，推广应用人工智能治疗新模式新手段，建立快速精准的智能医疗体系是新一代人工智能的一大目标。探索智慧医院建设，开发人机协同的手术机器人、智能诊疗助手，研发柔性可穿戴、生物兼容的生理监测系统，研发人机协同临床智能诊疗方案，实现智能影像识别、病理分型和智能多学科会诊。基于人工智能开展大规模基因组识别、蛋白组学、代谢组学等研究和新药研发，推进医药监管智能化。加强流行病智能监测和防控。

第三节 智能健康和养老

智能健康和养老主要是指利用新一代人工智能技术，加强群体智能健康管理，突破健康大数据分析、物联网等关键技术，研发健康管理可穿戴设备和家庭智能健康检测监测设备，推动健康管理实现从点状监测向连续监测、从短流程管理向长流程管理转变。建设智能养老社区和机构，构建安全便捷的智能化养老基础设施体系。加强老年人产品智能化和智能产品适老化，开发视听辅助设备、物理辅助设备等智能家居养老设备，拓展老年人活动空间。开发面向老年人的移动社交和服务平台、情感陪护助手，提升老年人生活质量（图2-13）。

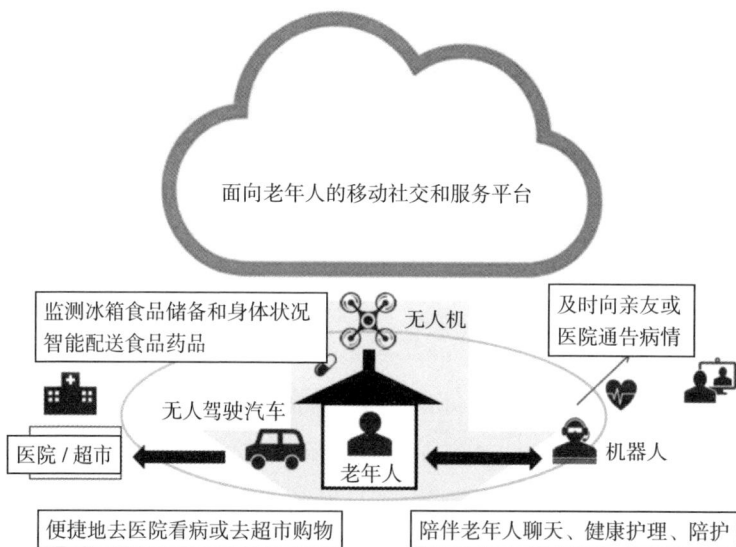

图2-13 智能健康和养老

IBM 已投资了一家名为 Welltok 的医疗服务公司，并使用沃森帮助开发一款名为 "Café Well Concierge" 的应用，它可以为用户提供健康数据追踪，并通过接入可穿戴数据、健康内容平台等大量数据平台，推荐富有根据的个性化健身项目、食谱等，由沃森提供智力支持的这款应用甚至还能通过与保险公司合作，在用户健康状况好转时给予奖励。

　　智能健康管理，就是运用人工智能和医疗技术，在健康保健、医疗的科学基础上建立的一套完善、周密和个性化的服务程序；其目的在于通过维护健康、促进健康等方式帮助健康人群及亚健康人群建立有序健康的生活方式，降低风险状态，远离疾病；而一旦出现临床症状，则通过就医服务的安排，尽快地恢复健康。爱尔兰都柏林的创业公司 Nuritas 是营养学应用场景中的典型代表。Nuritas 将人工智能与生物分子学相结合，进行肽（食品类产品中的某些分子）的识别；根据每个人不同的身体状况，使用特定的肽来激活健康抗菌分子，改变食物成分，消除食物副作用，从而帮助个人预防糖尿病等疾病的发生、杀死抗生素耐药菌。

　　身体健康管理场景中的运用，主要是通过基因数据、代谢数据和表型（性状）数据的分析，为用户提供饮、食、起、居等各方面的健康生活建议，帮助用户规避患病风险。身体健康管理包含数据获取、在数据分析和行为干预三道流程。在数据获取方面，基因数据和代谢数据分别依靠基因检测技术和代谢质谱检测技术获取，表型数据则通过智能硬件（包括可穿戴设备、具有用户健康数据采集与记录功能的智能手机设备等）、用户自填获取；引入人工智能技术，对以上数据进行数据分析，进而对用户或患者进行个性化行为干预。

　　例如，日本松下公司制造的智能化病床可以在老人卧床的情况下，将其中一半的床位转换成一辆轮椅，实现老人更方便的移动；而Cyberdyne 公司研发的人体肌肉充气装备，会对佩戴者身上的生物电信号做出反应，可在护工弯腰或做抬起动作时提供支撑和帮助。

　　安装在老人床头的红外感应器，老人任何姿态的变化，如起身、侧翻等都将被监测并实时传送至终端服务器，而电脑将自动判断老人该动作的含义，并及时向护工通报。

在老人的床垫下，还铺设了睡眠检测仪，可以实时监测老人在床上的心率、意识状态（睡眠还是清醒状态），这样将大大减轻工作人员的负担。

进一步地讲，养老院引入机器人是为了对护理工作有所辅助帮助。如对于年轻人来说，对老年人进行看护是很繁重的工作，所以选择进入养老院的年轻人很少，引入机器人的一个目的是让年轻人觉得在这里工作并不会很烦琐，相反机器人代替了很多人工的劳动力。

第七章

社会治理的智能化

——慧治为要，提升精细高效的城市治理能力

城市运行管理新模式基本建成。跨部门、跨层级的多级联动治理体系基本建成，运行态势全面感知、城市体征指标全面检测、城市事件智能化调度和联动处置基本实现。城市基层治理模式全面升级，基层治理智慧化、科学化水平大幅提升。

城市事件智能化处置能力显著增强。社会管理和生态治理水平全面提升，高效便捷的综合交通体系基本建成，完成经营性公共停车场动态信息服务覆盖率达 100%，主要道路沿线及重点路口交通信号灯控制系统的智能化升级改造及"一键护航畅行"试点建设。重大风险防范化解能力及应急救援处置能力明显加强，全区非现场执法处罚率大幅提高，市民服务热线的响应率、解决率、满意率持续保持高位。

建设智能社会也要利用人工智能技术，围绕行政管理、司法管理、城市管理、环境保护等社会治理的热点难点问题，促进人工智能技术应用，推动社会治理现代化（图 2-14）。

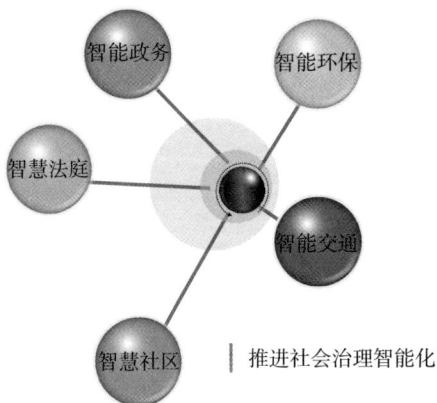

推进社会治理智能化

图 2-14　推进社会治理的智能化

第一节　智能政务

现代政府事务日益复杂，传统政府的信息化技术已经难以应付这种新的形势，伴随着新兴信息技术的高速化发展，政府信息化建设也在紧跟时代的步伐，在历经传统政府、数字政府、电子政务、移动政务等多个阶段后，"智能政务"或者"智慧政府"的概念便应运而生。

利用新一代人工智能技术，开发适用于政府服务与决策的人工智能平台已经是发展所需和大势所趋。未来，要研制面向开放环境的决策引擎，在复杂社会问题研判、政策评估、风险预警、应急处置等重大战略决策方面推广应用。加强政务信息资源整合和公共需求精准预测，畅通政府与公众的交互渠道。

"智能政务"是电子政务发展的高级阶段，是提高党的执政能力的重要手段。政府的四大职能是经济调节、市场监管、社会管理和公共服务。智能政务就是要实现上述职能的数字化、网络化、智能化、精细化。与传统电子政务相比，智能政务具有移动性、社会性、虚拟性、个性化等特征。这些新特征是信息技术进步和电子政务应用创新两者融合演化发展到更高级实践阶段的必然结果，世界各国政府机构都是在探索中先行先试。

从全球范围来看，政府信息化经历了数字政府、电子政务、移动政务、智慧政府多个发展阶段。在 20 世纪 90 年代以前，属于传统的数字政府（Digital Government）阶段，由于当时信息技术条件的限制，政府刚刚开始电子化的过程，政府的公共服务范式仍旧是以面对面的服务为主。从 20 世纪 90 年代开始，电子政务（Electronic Government）的概念应运而生，政府服务的效率得到极大提高，但政府提供的服务仍旧受到时间和空间的限制，政府的公共服务范式是基于服务供给的统一服务。进入 21 世纪以来，Web 2.0 以及移动智能终端的发展引起各国和各地区政府部门的重视，利用手机、PDA 和其他移动智能终端设备，通过无线接入基础设施提供信息和服务成为各国和各地区政府关注的焦点，这就是当前所处的移动政务（Mobile Government）阶段，政府的公共服务范式是基于政民互动关系的协作服务。近年来，在云计算、大数据、物联网、Web 3.0、语义网络迅速发展的背景下，政府公共服务变得更加智慧、效率更高、管理更透明，并且呈现出简便、透明、自治、移动、实时、智能和无缝对接等特征的智慧政府（Smart Government）公共服务范式。

可以说，智能政务是政府智能化发展的新模式，它对政府智能化建设提出新的更高要求，也为政府信息化的发展明确了方向。

"智能政务"是指利用物联网、云计算、移动互联网、人工智能、数据挖掘、知识管理等技术，提高政府办公、监管、服务、决策的智能化水平，形成高效、敏捷、便民的新型政府。

智能政务建设目标是运用计算机、网络和通信等现代信息技术，提供随时随地和无所不在的信息获取，推动政府组织结构和工作流程的优化重组，超越时间、空间和部门分隔的限制，打造有特色的精简、高效、廉洁、公平的政府运作模式，以便全方位地向社会提供优质、规范、透明、符合国际水准的管理与服务。

◆ 信息海量集中、实时共享：利用城市级数据中心或云服务中心建设为载体，集中存储海量的城市级基础信息资源，同时实现以政府为主体的信息资源获取和共享，包括通过物联网络的信息采集，并实现同信息资源交换共享平台的信息交换和存储。

◆ 跨部门高效协作：以信息技术提高联合审批能力和行政效能监察水平，实现一批跨部门、跨领域的政务业务协同应用系统，支撑政府一站式审批、行政监察、综合执法、应急管理、公共安全管理、工业经济分析、宏观决策等业务，实现政务协同，提高行政效率。

◆ 随时随地的服务获取：以电子政务外网平台建设为核心，实现市民、企业和公务员对政府服务的随时随地获取。

政府的四大职能是经济调节、市场监管、社会管理和公共服务。智能政务就是要实现上述职能的数字化、网络化、智能化、精细化。与传统电子政务相比，智能政务具有透彻感知、快速反应、主动服务、科学决策等特征。一般来说，智能政务包括智能办公、智能监管、智能服务、智能决策四大领域。

1. 智能办公

在智能办公方面，采用人工智能、知识管理、移动互联网等手段，将传统办公自动化（OA）系统改造成为智能办公系统。智能办公系统对公务员的办公行为有记忆功能，能够根据公务员的职责、偏好、使用频率等，对用户界面、系统功能等进行自动优化。智能办公系统有自动提醒功能，如代办件提醒、邮件提醒、会议通知提醒等，公务员不需要去查询就知道哪些事情需要处理。智能办公系统可以对代办事项根据重要程度、紧急程度等进行排序。智能办公系统具有移动办公功能，公务员随时随地可以进行办公。智能办公系统集成了政府知识库，使公务员方便查询政策法规、办事流程等，分享他人的工作经验。

2. 智能监管

在智能监管方面，智能化的监管系统可以对监管对象的自动感知、自动识别、自动跟踪。例如，在主要路口安装具有人脸识别功能的监视器，就能够自动识别在逃犯等；在服刑人员、嫌疑犯等身上植入生物芯片，就可以对他们进行追踪。智能化的监管系统可以对突发性事件进行自动报警、自动处置等。例如，利用物联网技术对山体形变进行监测，可以对滑坡进行预警。当探测到火情，建筑立即自动切断电源。智能化的监管系统可以自动比对企业数据，发现企业偷逃税等行为。智能化的移动执法系统可以根据执法人员需求自动调取有关材料，生成罚单，方便执法人员执行公务。

3. 智能服务

在智能服务方面，能够自动感知、预测民众所需的服务，为民众提供个性化的服务。例如，如果某个市民想去某地，智能交通系统可以根据交通情况选择一条最优线路，并给市民实时导航。在斑马线安装传感器，当老年人、残疾人或小孩过马路时，智能交通系统就能感知，适当延长红灯时间，保证这些人顺利通过。政府网站为民众提供场景式服务，引导民众办理有关事项。

4. 智能决策

在智能决策方面，采用数据仓库、数据挖掘、知识库系统等技术手段建立智能决策系统，该系统能够根据领导需要自动生成统计报表；开发用于辅助政府领导干部决策的"仪表盘"系统，把经济运行情况、社会管理情况等形象地呈现在政府领导干部面前，使他们可以像开汽车一样驾驭所赋予的本地区、本部门职责。

智能政务是实现电子政务升级发展的突破口，是政府从"管理型"走向"服务型、智慧型"的必然产物，也是引导智慧城市建设的主干线。智能政务利用物联网、云计算、移动互联网、人工智能、数据挖掘、知识管理等技术，提高政府在办公、监管、服务、决策的智能化水平，形成高效、敏捷、便民的新型政府，实现由"电子政务"向"智能政务"的转变。

第二节　智能交通

随着城市经济的快速发展，城市化、汽车化进程加快，越来越迫切地需要运用先进的信息技术、数据通信传输技术及计算机技术，建立一种大范围内、全方位发挥作用的实时、准确、高效的道路交通管理综合集成系统。

智能交通系统将以道路交通有序、安全、畅通以及交通管理规范服务、快速反应和决策指挥为目标，初步建成集高新技术应用为一体的适合于城市道路交通特点的、具有高效快捷的交通数据采集处理能力、决策能力和组织协调指挥能力的管理系统，实现交通管理指挥现代化、管理数字化、信息网络化。

打造智能交通的主要任务是，研究建立营运车辆自动驾驶与车路协同的技术体系。具体包括，研发复杂场景下的多维交通信息综合大数据应用平台，实现智能化交通疏导和综合运行协调指挥，建成覆盖地面、轨道、低空和海上的智能交通监控、管理和服务系统（图2-15）。

智能交通系统是城市交通发展的需要，也是提升全市道路交通总体管理水平的需要，还是城市公共治安管理的需要，更是给公众出行提供方便、快捷的信息服务的需要。

以城市路网为对象，以公众交通出行需求为导向，重点考虑道路交通管理与交通突发事件应急处置的需求，建设以视频综合复用技术为核心的道路视频监控系统，同时整合已有和新建外场设备的动态数据。

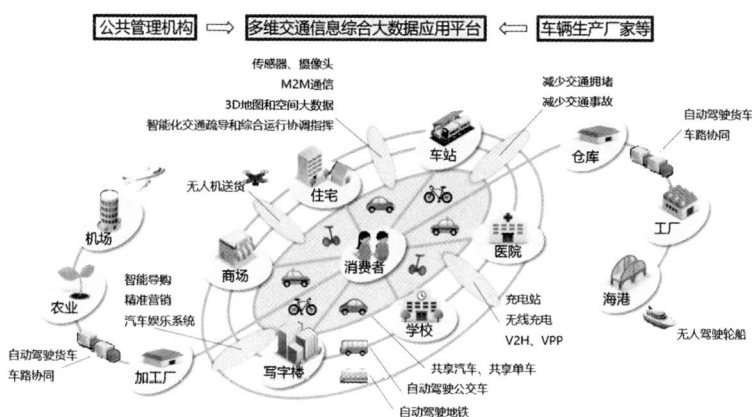

图 2-15　多维交通信息综合大数据应用平台下的智能交通

建设城市道路交通智能管理中心及相关应用系统，相应的通信网络和外场设备，实现城市的道路网交通管理与交通突发事件应急处置、非现场执法及综合信息管理、车辆驾驶员综合信息管理，面向公众的道路交通信息服务。

充分考虑与城市交通指挥中心、城市应急联动指挥中心、社会治安防控动态监控系统及其他相关系统的衔接。实现城市道路网的高水平日常运行管理、高效的交通突发事件应急处置，为公众提供安全便捷畅通的道路交通出行服务。

交通管理方面，一是实时分析城市交通流量，缩短车辆等待时间。人工智能驱动的智能交通信号系统以雷达传感器和摄像头监控交通状况，利用人工智能算法决定灯色转换时间，通过人工智能和交通控制理论融合应用，优化城市道路网络中交通流量。二是大数据分析公众资源数据，合理建设交通设施。人工智能算法根据城市民众出行偏好、生活、消费等习惯，分析城市人流、车流迁移及城市公众资源情况，基于大数据分析结果，为政府决策城市规划，特别是为公共交通设施基础建设提供指导与借鉴。三是实时检测车辆，提高执法效率。通过整合图像处理、模式识别等技术，实现对监控路段的机动车道、非机动车道进行全天候实时监控。前端卡口处理系统对所拍摄图像进行分析获取号牌号码、号牌颜色、车身颜色、车标、车辆子品牌等数据，并连同车辆的通过时间、地点、行驶方向等信息通过计算机网络传输到卡口系统控制中心的数据库中进行数据存储、查询、比对等处理，当发现肇事逃逸、违规或可疑车辆时，系统自动向拦截系统及相关人员发出告警信号。

通常来讲，智能交通系统从 4 个方面提升城市管理水平（图2-16）。

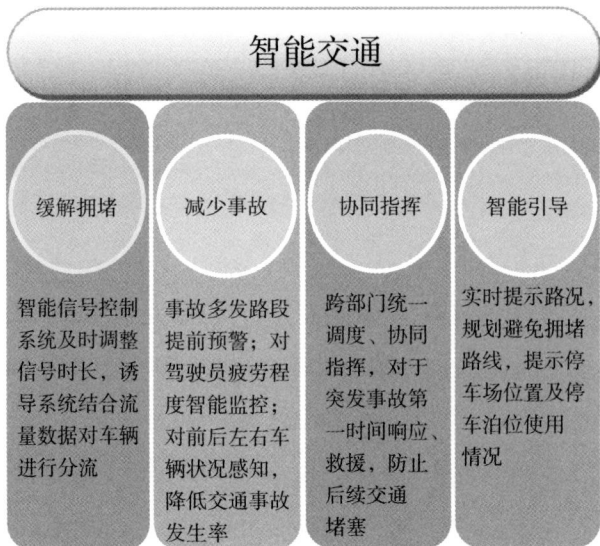

图2-16　智能交通的优点

（1）缓解拥堵

主要实现对过往车辆进行计数、测速、分析计算占道信息、单位时间内车流量、车流平均速度等，通过通信接口把采集到的数据发送到管理监控中心，为交通信号控制、信息发布与诱导、指挥与调度提供决策服务。通过对交通流量的采集、汇总融合、分析处理各类交通数据，并依据最终获取的有效信息进行决策和交通指挥调度，同时对各种交通突发事件作出判断、确认和处理，以达到提高城市交通的管理水平，加强对道路交通宏观调控和指挥调度的能力，并对突发事件形成快速高效的应对机制。

智能信号控制系统及时调整信号时长，诱导系统结合流量数据对车辆进行分流；同时，通过实时提示路况，规划避免拥堵路线，提示停车场位置及停车泊位使用情况。

（2）减少事故

在城市重点道路上所设置的监测设备，系统对通过该路段且超速的机动车辆进行拍摄、记录，并可以根据需要对通过的车辆做出反应（报警）。对事故多发路段提前预警；对驾驶员疲劳程度智能监控；对前后左右车辆状况感知，降低交通事故发生率。

（3）协同指挥

交通指挥调度系统通过对智能交通各子系统的高度集成，汇总融合、分析处理各类交通数据，并依据最终获取的有效信息进行决策和交通指挥调度，同时对各种交通突发事件进行判断、确认和处理；目的是提高城市交通的管理水平，加强对道路交通宏观调控和指挥调度的能力，对突发事件形成快速高效的应对机制。跨部门统一调度、协同指挥，对于突发事故第一时间响应、救援，防止后续交通堵塞。

（4）智能引导

通过接收到的交通流量、交通拥堵情况、交通事故等相关交通信息。将交通信息进行分类整理，去除不正确的信息，过滤出有效信息。通过 LED 诱导屏发布交通状态（图示或文字），气象状态对交通参与者的提示，道路检修、施工信息、道路开闭信息、限速信息、交通安全用语、动画显示功能等。

系统能提供自动诱导显示，人工诱导显示，通用信息显示；可以将显示内容预先存储到诱导屏本地的存储介质，在通信断开等情况下，诱导屏可根据本地存储的内容进行显示。

交通信号系统控制是智能交通系统的一个重要部分，可以检测到车流量等交通信息参数，调节路口绿信号配比，变化交通限行、禁行等指路标志，还可以根据系统连接的数据库完成与交通参与者之间的信息交换，向交通参与者显示道路交通信息、停车信息，提供给交通参与者合理的行驶路线，以达到均衡道路交通负荷的主动控制策略，从而真正实现交通的智能化控制，为人们的日常生活提供方便。

随着全球经济高速发展，城市化进程不断加快，机动车保有数量增长，道路交通运输量不断增加，各种交通问题凸显，发展智能交通可完善政府管理，改善用户体验，促进城市发展。

人工智能深度学习在智能交通领域的应用，汇集的海量车辆通行记录信息，对于城市交通管理有着重要的作用，利用人工智能技术，可实时分析城市交通流量，调整红绿灯间隔时间，缩短车辆等待时间，提升城市道路的通行效率。城市级的人工智能大脑，实时掌握着城市道路上通行车辆的轨迹信息，停车场的车辆信息以及小区的停车信息，能提前半小时预测交通流量变化和停车位数量变化，合理调配资源、疏导交通，实现机场、火车站、汽车站、商圈的大规模交通联动调度，提升整个城市的运行效率，为居民的出行畅通提供保障。

目前在智能交通领域，人工智能分析及深度学习比较成熟的应用技术以车牌识别算法最为理想，虽然目前很多厂商都宣称自己的车牌识别率已经达到了99%，但这也只是在标准卡口的视频条件下再加上一些预设条件来达到的。在针对很多简易卡口和卡口图片进行车牌定位识别时，较好的车牌识别也很难达到90%。不过随着采用人工智能、深度学习的应用，这一情况将会得到极大的改善。

在传统的图像处理和机器学习算法研发中，很多特征都是人为制定的，比如 HOG、SIFT 特征，在目标检测和特征匹配中占有重要的地位，安防领域中的很多具体算法所使用的特征大多是这两种特征的变种。人为设计特征和机器学习算法，从以往的经验来看，由于理论分析的难度大，训练方法又需要很多经验和技巧，一般需要 5 ～ 10 年的时间才会有一次突破性的发展，而且对算法工程师的知识要求也一直在提高。深度学习则不然，在进行图像检测和识别时，无需人为设定具体的特征，只需要准备好足够多的图进行训练即可，通过逐层的迭代就可以获得较好的结果。从目前的应用情况来看，只要加入新数据，并且有充足的时间和计算资源，随着深度学习网络层次的增加，识别率就会相应提升，比传统方法表现得更好。

另外在车辆颜色、车辆厂商标志识别、无牌车检测、非机动车检测与分类、车头车尾判断、车辆检索、人脸识别等相关的技术方面也比较成熟。在车辆颜色识别方面，基本上克服了由于光照条件变化、相机硬件误差所带来的颜色不稳定、过曝光等一系列问题，因此解决了图像颜色变化导致的识别错误问题，卡口车辆颜色识别率从 80% 提升到 85%，电警车辆主颜色识别率从 75% 提升到 80% 以上。

在车辆厂商标志识别方面，使用传统的 HOG、LBP、SIFT、SURF 等特征，采用 SVM 机器学习技术训练一个多级联的分类器来识别厂商标志很容易出现误判，采用大数据加深度学习技术后，车辆车标的过曝光或者车标被人为去掉等引起的局部特征会随之消失，其识别率可以从 89% 提升到 93% 以上。

在车辆检索方面，车辆的图片在不同场景下会出现曝光过度或者曝光不足，或者车辆的尺度发生很大变化，导致传统方法提取的特征会发生变化，因此检索率很不稳定。深度学习能够很好地获取较为稳定的特征，搜索的相似目标更精确，Top 5 的搜索率在 95% 以上。在人脸识别项目中，由于光线、姿态和表情等因素引起人脸变化，目前很多应用都是固定场景、固定姿态，采用深度学习算法后，不仅固定场景的人脸识别率从89%提升到99%，而且对姿态和光线也有了一定的放松。

此外，智能交通将有助于节能环保。智能交通系统实现节能减排效应，通过建设智能交通系统，有效提高现有道路交通网络运行效率，达到缓解拥堵、节约能源、减轻污染的目的，通过智能交通控制，最终实现减少废气排出量并对节能环保做出重大贡献。同时，智能交通将降低事故的发生。采取智能交通技术，提高道路管理能力，减少每年交通事故中的死亡人数。当前，世界各发达国家投入大量财力与人力，进行大规模智能交通技术研究试验及产业应用，很多发达国家已转入全面部署阶段。

第三节　智能安防

"雪亮工程"成效不断显现，基本实现"全域覆盖、全网共享、全时可用、全程可控"，打造具有大兴特色的立体化社会治安防控体系。建立危化品安全监管平台，进一步强化了对危化品生产的重点监控企业、重点监控区域、安全隐患点的监控效能。建成区社会治安综合治理平台，开展全区441个社区／村的安全治理和184个平安小区建设，大幅提高社区／村预防和应对突发事件的能力，实现了人防到技防的转变。应急值守系统升级改造的完成，为防汛、防火指挥等方面提供了有力支撑。

面对城市这样一个庞大的复杂系统，如果想要做到信息的实时发布、监控、分析和智能化管理，以确保整个系统的决策、命令能够稳妥迅速地传达执行并反馈，高度集成的可视化终端必不可少。装载在城市各个角落的视频监控系统是城市管理系统的重要组成部分。人工智能已应用在社会治安、反暴反恐、灾害预警、灾后搜救、食品安全等公共服务领域，通过人工智能可准确地感知和预测社会安全运行的重大态势，提高公共服务的精准化水平，保障人民生命财产安全。从应用的深度和广度来看，全球人工智能在公共服务领域还处在探索期。

未来，促进人工智能在公共安全领域的深度应用，推动构建公共安全智能化监测预警与控制体系。围绕社会综合治理、新型犯罪侦查、反恐等迫切需求，研发集成多种探测传感技术、视频图像信息分析识别技术、生物特征识别技术的智能安防与警用产品，建立智能化监测平台。加强对重点公共区域安防设备的智能化改造升级，支持有条件的社区或城市开展基于人工智能的公共安防区域示范。强化人工智能对食品安全的保障，围绕食品分类、预警等级、食品安全隐患及评估等，建立智能化食品安全预警系统。加强人工智能对自然灾害的有效监测，围绕地震灾害、地质灾害、气象灾害、水旱灾害和海洋灾害等重大自然灾害，构建智能化监测预警与综合应对平台（图2-17）。

人工智能助力建设全方位全时段的主动安防体系。传统安防通常是离散式的被动安防，这主要体现在两个方面：①安防设备仅作为传输图像的媒介，不具备主动识别与报警功能，需要人力对接收的图像进行处理和判断；②对于人工判断所得的结果，安防设备不能运用结果进行反向追踪。因此需要将大量的时间精力花费在海量的视频监控信息中，效率低且容易错过线索。而智能安防可以通过人工智能，构建一个全方位24小时不间断的主动安防体系。不但可以主动识别可疑嫌犯，报警后亦可根据指定结果智能追踪目标，可极大提高工作效率，还可避免人在工作中的主观失误，提升业务的精确性。

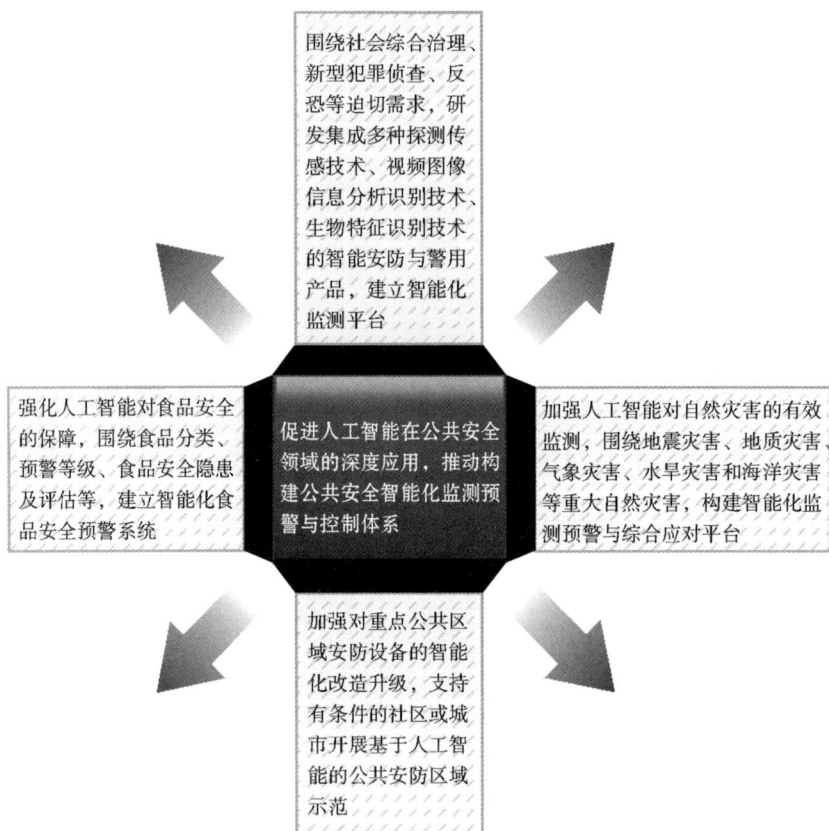

图 2-17 智能安防

视频监控系统从诞生之日起发展至今，大体上经历了 4 个阶段：

第一阶段，20 世纪 80 年代开始，视频监控的实现主要采取模拟方式，录制的视频主要在同轴电缆中进行信号传输，之后在控制主机的监控下实现模拟信号的显示。

第二阶段，21 世纪初开始，视频监控实现了远距离视频联网，但仍没有完全实现数字化，视频通过模拟的方式并通过同轴电缆来进行信号的传递，在多媒体控制主机以及硬盘刻录主机中进行数据处理和储存。

第三阶段，2006 年左右开始，随着数字技术与网络技术的发展，安防监控领域的视频技术也进入了高清化与网络化阶段，体现为前端高清化、传输网络化、处理数字化、系统集成化。

第四阶段，当前，随着人工智能技术发展的成熟，视频监控即将迎来智能化监控时代。安防监控系统向集成化、智能化模式发展，现代安防系统逐渐向智能化综合管理平台演变（图2-18）。

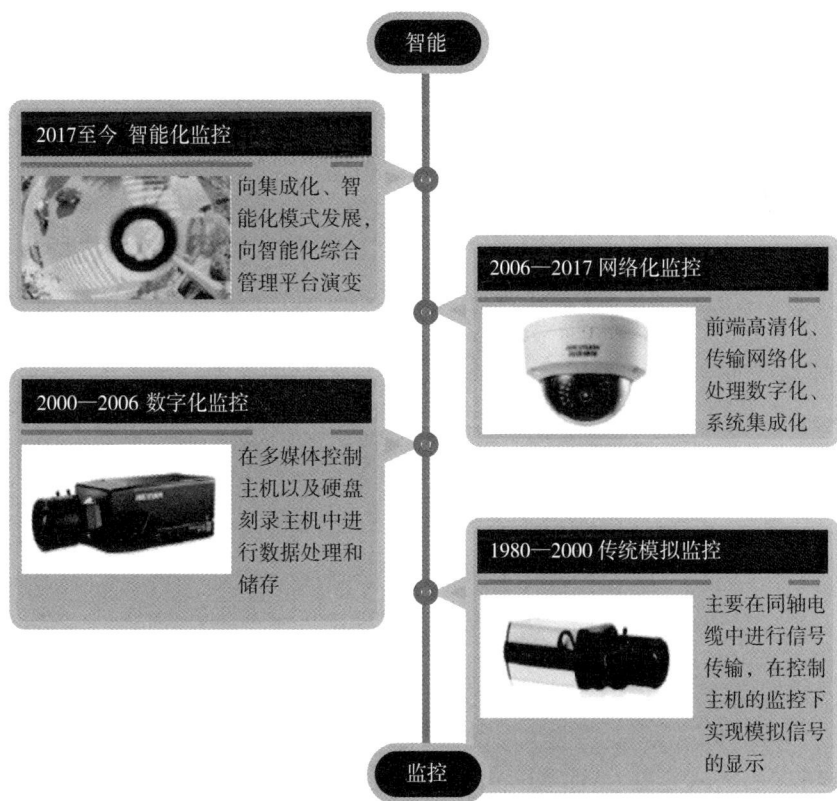

智能

2017至今 智能化监控
向集成化、智能化模式发展，向智能化综合管理平台演变

2006—2017 网络化监控
前端高清化、传输网络化、处理数字化、系统集成化

2000—2006 数字化监控
在多媒体控制主机以及硬盘刻录主机中进行数据处理和储存

1980—2000 传统模拟监控
主要在同轴电缆中进行信号传输，在控制主机的监控下实现模拟信号的显示

监控

图 2-18 监控 4.0

随着监控点位的骤增，遍布大街小巷的监控摄像头每时每刻产生的视频数据也在爆炸式增长，过去简单地利用人海战术进行检索和分析已经很难满足新时代的安防工作需求；一方面对视频监控人员人体产生危害，另一方面，相关研究表明人在盯着视频画面仅仅22分钟之后，

人眼将对视频画面里 95% 以上的活动信息视而不见。

　　视频监控数据具有高并发、大容量的特点。高并发：以 1080P 为例，在 4 Mbps 的码率下，中等城市的监控规模一般为数千到数万个摄像头，按 5000 路计算，并发写入码流为 5000 路 ×4 Mbps ×24 小时 ×60 分钟 ×60 秒。大容量：根据公安部要求录像数据在系统中保存 30 天以上。中等城市的存储容量为：5000 路 ×4 Mbps ×24 小时 ×60 分钟 ×60 秒 ×30 天。

　　人工智能时代的计算力能更好应对海量视频监控数据：从计算力来看，GPU 的出现，在处理海量数据方面相对传统 CPU 取得了压倒性的胜利。使用 GPU 和使用传统双核 CPU 在运算速度上的差距最大会达到 70 倍，前者相比起后者能将程序运行时间从几周降低到一天。

　　人工智能在安防领域作人力的增效补充：海康威视数据显示，从传统的视频回看——人工查证，转向以车牌搜索、特征搜索为核心的智能搜索应用，以及以浓缩播放、视频摘要为核心的智能查看应用，破案时线索排查效率提升 20 ～ 100 倍。

　　在人脸方面，深度学习可以实现人脸检测、人脸关键点定位、身份证比对、聚类以及人脸属性、活体检测等。以人脸识别为例，2015年 ImageNet ILSVRC 大赛团队识别分类的错误率已经降到 3.5%，低于人眼 5.1% 的识别错误率；我国的旷视科技（Face++）公司人脸识别技术的准确率在 LFW 国际公开测试中达到世界最高的 99.5%（超过了人类肉眼识别的准确率 97.52%），与此相关的刷脸支付被《麻省理工科技评论》评为 2017 年 10 大全球突破性技术。据 2017 年 12 月 6日的《科技日报》报道，Google 的人工智能系统已经能发明自己的加密算法，还能生成自己的子人工智能。不仅如此，经过严密测试，这个由人工智能创造的"子人工智能"居然能够打败人类创造的人工智能。

这说明人工智能达到一定阶段就能够自行设计和创造更高级的智能系统，实现自我进化。

◆ 识别种类增多：从车牌识别到人、车特征点识别；

◆ 车牌识别：牌照号码、牌照底色；

◆ 人体特征属性识别：衣着颜色、运动方向、速度、目标大小、骑车、背包、拎东西等；

◆ 车辆特征属性识别：车牌识别、车标识别、车型识别、车身颜色、人脸探测、安全带、年检标、行驶方向；

◆ 人脸识别：在人脸检测的基础上，进一步确定脸部特征点（眼睛、眉毛、鼻子、嘴巴、脸部外轮廓）的位置。

在社会治安领域，人工智能已应用于警方侦查过程，为警方破案提供重要线索。依托安防行业的基础，犯罪侦查成为人工智能在公共安全领域最先落地的场景。基于计算机视觉技术在公共场所安防布控，可以及时发现异常情况，为公安、检察等司法机关的刑侦破案、治安管理等行为提供强力支撑。美国多地警方部署人工智能警务风险评估软件，将犯罪控制在"萌芽状态"。智能软件根据保存的犯罪数据预测哪些犯罪高发区域可能会出现新的问题（图2-19）。

在反恐防暴领域，人工智能在打击恐怖分子、炸弹排除等领域可发挥重要作用。美国建立的禁飞系统能预测恐怖袭击的可能性，大数据系统每天都会传输犯罪预测数据到执勤警员的执勤电子设备中，预测型侦查已经广泛开展。此外反恐机器人能对可疑目标自动探测与跟踪，并拥有对目标远程准确打击的能力，在打击恐怖分子、协助军方反恐等领域可发挥重要作用。在我国，由哈工大机器人集团研制的武装打击机器人、侦察机器人、小型排爆机器人已应用于反恐安全、目标探测、可疑物检查与打击、路边炸弹排除、危险物质处理等领域。

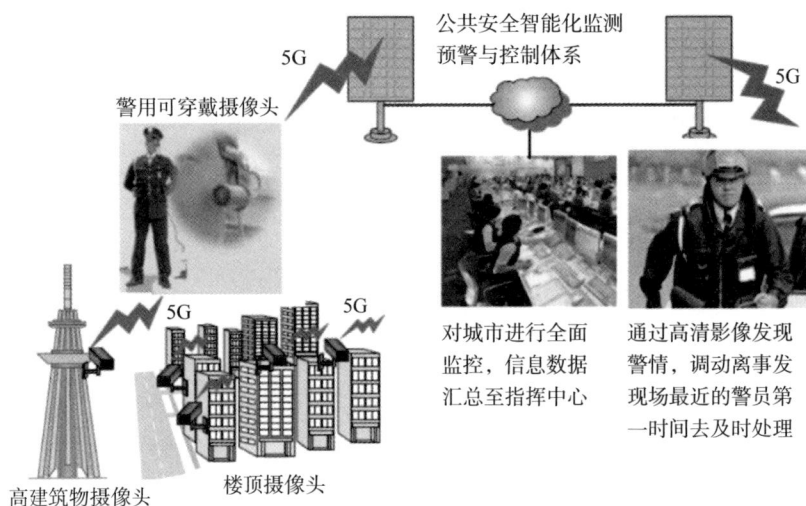

图 2-19 智能安防

在灾后救援领域，人工智能在高效处置灾情，避免人员伤亡方面发挥关键作用。不管是自然灾害之后的搜救，还是日常救援行动，随着人工智能融合，可快速处理灾区航拍影像，并借此实时向救援人员提供重要的评估与规划性指导，不仅保障自然环境、群众生命财产安全，而且能够最大限度地减少救援人员的牺牲。

例如，日本总务省消防厅推进开发的"机器人消防队"，由自上空拍摄现场情况的小型无人机、收集地面信息的侦察机器人、可自动行走的水枪机器人组成。美国国家航空航天局（NASA）推出的人工智能系统 Audrey，通过消防员身上所穿戴的传感器，获取火场位置、周围温度、危险化学品和危险气体的信号以及区域卫星图像等全方面的信息，并基于机器学习的预测为消防人员提供更多的有效信息和团队建议，最大限度地保护消防员的安全。在我国，灭火、侦查、排烟消防机器人技术和产品已相对成熟，并已经进入了实际作战，在高效处置灾情、避免人员伤亡并减少财产损失等方面发挥着越来越重要的作用。此外国家地震台研制的"地震信息播报机器人"，在 2017 年 8

月 8 日四川九寨沟地震发生期间，仅用 25 秒写了全球第一条关于这次地震的速报，通过中国地震台网官方微信平台推送，为地震避灾、生命救援和消息传递争取了时间。

　　此外，在食品安全、大型活动管理、环境监测等公共安全场景，利用人工智能技术可以减轻人工投入和资源消耗，提升预警时效，为及时有效处置提供强力支持。

第八章

生态环境的智能化

——环保为重，构筑绿色美丽的城市生态环境

按照智慧生态顶层规划设计，建设"智慧生态"工程，充分利用卫星遥感、VOCs 常态化走航、颗粒物雷达扫描、道路积尘负荷监测等创新科技，打造大气治理"空天地"一体化科技支撑体系。建成固定式遥测、VOCs 排放企业在线、重点污染源监管等 8 个智能化监管系统，实现对水资源、土壤、大气、重点企业等对象的全面监控。建设"大兴区煤改清洁能源信息管控系统"，通过综合应用自组网、物联网、智能节能技术，实现对全区 5 万余户空气源热泵用户数据采集、远端监测、故障报警及部分节能降耗等功能，进一步提升供暖设备运维管理水平，实现绿色节能。

近年来，在国家高度重视和利好政策持续加码的背景下，我国环境治理获得了实质性的进展，环保产业正在向国民经济支柱靠近。与此同时，人工智能的快速发展也催生出一系列新技术、新产品和新模式，并不断向环保领域延伸，带来环境治理新手段。

按照《新一代人工智能发展规划》的部署，结合人工智能技术，实现智能环保，主要是指建立涵盖大气、水、土壤等环境领域的智能监控大数据平台体系，建成陆海统筹、天地一体、上下协同、信息共

享的智能环境监测网络和服务平台。研发制定资源能源消耗、环境污染物排放智能预测模型方法和预警方案。加强京津冀、长江经济带等国家重大战略区域环境保护和突发环境事件智能防控体系建设（图2-20）。

那么，当环保与人工智能牵手，给环境治理到底会带来什么样的变化呢？现阶段，环保部门借助人工智能技术，结合卫星图像、传感器以及监测仪器等手段，可精准又快速地确定污染源，助力早期污染检测，实现更好地保护自然资源，促进生态与经济的可持续性发展。

智能环保将人工智能等技术融合到环境应急管理、环境监测，通过大数据进行风险评估、分析，从而提出环境治理智慧型解决方案。

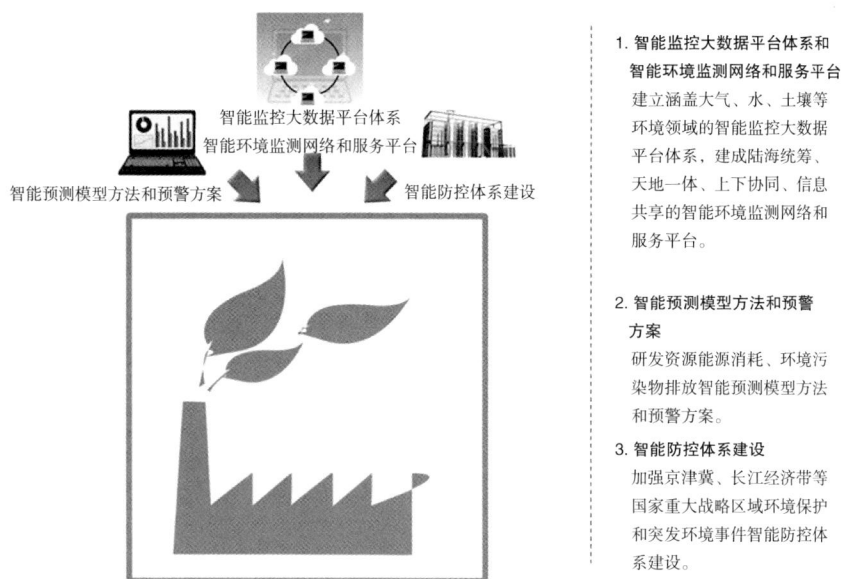

智能监控大数据平台体系
智能环境监测网络和服务平台
智能预测模型方法和预警方案
智能防控体系建设

1. 智能监控大数据平台体系和智能环境监测网络和服务平台
建立涵盖大气、水、土壤等环境领域的智能监控大数据平台体系，建成陆海统筹、天地一体、上下协同、信息共享的智能环境监测网络和服务平台。

2. 智能预测模型方法和预警方案
研发资源能源消耗、环境污染物排放智能预测模型方法和预警方案。

3. 智能防控体系建设
加强京津冀、长江经济带等国家重大战略区域环境保护和突发环境事件智能防控体系建设。

图2-20　智能环保

公开资料显示，环境传感器主要包括土壤温度传感器、空气温湿度传感器、蒸发传感器、雨量传感器、光照传感器、风速风向传感器等。如今，环境传感器可有效感知外界环境的细微变化，是环境监测部门首选的高质量仪器。其中，作为环境监测系统的"三大基石"，气体传感器、水环境检测传感器、土壤污染检测传感器发挥着越来越重要的作用。

污染源监控和防治是智能环保建设的关键，需要建立一个完善的陆海统筹、天地一体、上下协同、信息共享的智能环境监测网络和服务平台，通过在全市范围内布置大气、水体、固体废弃物、特征污染物、辐射等监管物联网，多方位、全时段地对各种可能的污染源进行在线监控，实现事故早发现、早预警，为环境事故及时、有效的管理提供有力保障。例如，增设常规大气污染物和特征大气污染物传感器，采用地面、近地、高空感知等方式对大气温度、湿度、硫氧化物、氮氧化物、一氧化碳、二氧化碳、臭氧、PM_{10}、$PM_{2.5}$ 等参数进行测量，形成高低空立体空气质量环境自动监测体系，从而更加全面地了解固定污染源的污染物排放情况。

此外，机动车尾气排放物联网监控系统：为机动车排放污染物检测机构和机动车污染防治管理部门提供的一整套系统，对尾气污染状况、空气质量、超排车辆捕获以及特定车辆排放检测场、检测设备、检测数据进行管理、存储和加工，且系统提供双向的数据传输，不仅能采集车辆检测过程、结果数据，更能实现对检测场、检测设备、检测人员、运动中的车辆及低空空气质量的监控与管理。

还有，固危废物联网动态监管系统：利用物联网技术对固危废物产生、贮存、转移、处置利用等全过程进行实时监管、预测预警，确保固危废物安全；同时，能够有效对固废的转运过程进行监督，防止固危废在运输途中被丢弃而对环境造成污染，为固危废处置过程的科学管理提供有力的技术支撑。

参考文献

[1] 王国平. 城市学总论 [M]. 北京：人民出版社，2013：65-68.

[2] 国务院. 新一代人工智能发展规划 [EB/OL]. (2017-07-20) [2022-09-22]. http：//www.gov.cn/zhengce/content/2017-07/20/content_5211996. htm.

[3] 工业和信息化部. 促进新一代人工智能产业发展三年行动计划（2018—2020 年) [EB/OL]. (2017-12-14) [2022-10-22]. http://www.miit.gov.cn/ n1146285/n1146352/n3054355/n3057497/n3057498/c5960779/content. html.

[4] 国务院. 中国制造 2025 [EB/OL]. (2015-05-19) [2022-10-22]. http:// www.gov.cn/zhengce/content/2015-05/19/content_9784.htm.

[5] 工业和信息化部. 汽车产业中长期发展规划 [EB/OL]. (2017-04-25) [2022-10-22]. http://www.miit.gov.cn/n1146295/n1652858/n1652930/ n3757018/c5600356/content.html.

[6] 新华网. "十三五"汽车工业发展规划意见 [EB/OL]. (2017-04-06) [2022-09-27]. http://www.xinhuanet.com//auto/2017-04/25/c_1120869697. htm.

[7] 中国信通院．人工智能发展白皮书：产业应用篇（2018 年）[EB/OL].
(2018-12-31) [2022-09-20]. http：//www.caict.ac.cn/kxyj/qwfb/
bps/201812/t20181227_191672.htm.

[8] 艾瑞咨询．中国 AI+ 安防行业发展研究报告（2019 年）[EB/OL]. (2019-
02-02) [2022-09-30].https：//www.iresearch.com.cn/Detail/report ？
id=3327&isfree=0.

[9] 国家制造强国建设战略咨询委员会．智能制造 [M]．北京：电子工业出版社．
2015.

[10] 德勤．智能工厂：响应度高、适应性强的互联制造 [EB/OL].（2018-01-29）
[2022-09-30].http：//www.sohu.com/a/219628311_204078.

[11] 德勤．中国智慧物流发展报告 [EB/OL].（2018-02-06）[2022-09-30].
http：//www.sohu.com/a/221277587_99935012.

[12] 安信证券．人工智能：现代科学皇冠上的明珠 [EB/OL].（2015-09-09）
[2022-11-30].https：//wenku.baidu.com/view/7372cd0d53d380eb6294d
d88d0d233d4b14e3f69.html.

[13] 武慧君，邱灿红．人工智能 2.0 时代可持续发展城市的规划应对 [J]. 规划师，
2018（11）：34-39.

[14] TechTarget 中国．飓风来临！沃尔玛"奇葩备货" [EB/OL].（2016-05-18）
[2022-11-30].https：//searchbi.techtarget.com.cn/4-2182/.

[15] 吴澄．科学网：中国自主无人系统智能应用的畅想 [EB/OL].（2017-11-13）
[2022-12-30]. http：//news.sciencenet.cn/htmlnews/2017/7/382193.
shtm.

[16] 斯坦福大学．2030 年人工智能与生命 [EB/OL].（2018-08-21）[2022-11-
30].https：//www.jianshu.com/p/4dbca93f30c7.